관찰한다는 것

너머학교 열린교실 17

관찰한다는 것

김성호 글·사진 이유정 그림

너머학교

사람은 자연학적으로는 단 한 번 태어나고 죽지만 인문학적으로는 여러 번 태어나고 죽습니다. 세포의 배열을 바꾸지도 않은 채 우리의 앎과 믿음, 감각이 완전 다른 것으로 변할 수 있습니다. 이것은 그리 신비한 이야기가 아닙니다. 이제까지 나를 완전히 사로잡던 일도 갑자기 시시해질 수 있고, 어제까지 아무렇지도 않게 산 세상이 오늘은 숨을 조이는 듯 답답하게 느껴질 때가 있습니다. 내가 다른 사람이 된 것이지요.

어느 철학자의 말처럼 꿀벌은 밀랍으로 자기 세계를 짓지만, 인간은 말로써, 개념들로써 자기 삶을 만들고 세계를 짓습니다. 우리가 가진 말들, 우리가 가진 개념들이 우리의 삶이고 우리의 세계입니다. 또 그것이 우리 삶과 세계의 한계이지요. 따라서 삶을 바꾸고 세계를 바꾸는 일은 항상 우리 말과 개념을 바꾸는 일에서 시작하고 또 그것으로 나타납니다. 우리의 깨우침과 우리의 배움이 거기서 시작하고 거기서 나타납니다.

아이들은 말을 배우며 삶을 배우고 세상을 배웁니다. 그들은 그렇게 말을 만들어 가며 삶을 만들어 가고 자신이 살아갈 세계를 만들어 가지요. '생각교과서—열린교실' 시리즈를 준비하며, 우리는 새로운 삶을 준비하는 모든 사람들, 아이로 돌아간 모든 사람들에게 새롭게 말을 배우자고 말하고자 합니다.

무엇보다 삶의 변성기를 경험하고 있는 십대 친구들에게 언어의 변성기 또한 경험하라고 말하고 싶습니다. 그래서 자기 삶에서 언어의 새로운 의미를 발견한 분들에게 그것을 들려 달라고 부탁했습니다. 사전에 나오지 않는 그 말뜻을 알려 달라고요. 생각한다는 것, 탐구한다는 것, 기록한다는 것, 읽는다는 것, 느낀다는 것, 믿는다는 것, 논다는 것, 본다는 것, 잘 산다는 것, 사람답게 산다는 것, 그린다는 것, 관찰한다는 것……. 이 모든 말의 의미를 다시 물었습니다. 그리고 서로의 말을 배워 보자고 했습니다.

'생각교과서―열린교실' 시리즈가 새로운 말, 새로운 삶이 태어나는 언어의 대장간, 삶의 대장간이 되었으면 합니다. 무엇보다 배움이 일어나는 장소, 학교 너머의 학교, 열려 있는 교실이 되었으면 합니다. 우리 모두가 아이가 되어 다시 발음하고 다시 뜻을 새겼으면 합니다. 서로에게 선생이 되고 서로에게 제자가 되어서 말이지요.

고병권

차례

나에게 관찰은

우리의 일상은 보는 것의 연속이지요. 아침에 눈 비비고 일어나서는 가족의 얼굴을 보고, 거울에 비친 자신의 모습을 보고, 갈아입을 옷을 보고, 식탁에 차려진 음식을 보고, 엘리베이터가 내 위치까지 올라오며 변하는 숫자를 봅니다. 학교에 간다면 학교로 향하는 길을 볼 것이며, 직장으로 간다면 직장으로 향하는 길을 볼 것입니다. 각자 일터에서 일할 때도 보는 행위가 쉼 없이 이어지며, 하루의 일정을 마치고 집으로 돌아오는 과정 또한 마찬가지입니다. 집에 와 쉬면서도 책을 보거나 휴대전화를 보거나 TV를 봅니다.

이처럼 눈을 뜨고 있는 시간은 말할 것도 없거니와 눈을 감고 잠을 잘 때 또한 꿈을 꾸며 무언가를 보니, 어쩌면 '보며' 살아가는 정도를 넘어 '봐야' 살 수 있다는 표현이 더 옳을지도 모르겠어요.

그런데 이 모든 것을 본다고 하지 관찰한다고 말하지는 않아요. 책을 본다고 하지 책을 관찰한다고 하지 않으며, 휴대전화에 나오는 모든 것들을 본다고 하지 관찰한다고 하지 않는 것처럼 말이에요. 관찰 또한 분명 보는 것이지요. 하지만 관찰은 보는 것을 넘어서는 무엇을 품고 있다는 뜻입니다. 관찰은 그냥 보는 것과 어떻게 다를까요?

　이 사진을 보세요. 줄기가 잘린 채 밑동만 덩그러니 남겨진 소나무 그루터기입니다. 게다가 썩었네요. 산을 오르다 잠시 걸터앉아 지친 다리 쉴 만한 쓰임새도 없어 보입니다. 이런 그루터기를 본 적은 있지요? 그런데 보고도 그냥 지나칠 때가 많았을 거예요. 어쩌면 아예 눈길조차 주지 않았을 때가 더 많기 쉽고요.

　하지만 '관찰'을 가슴에 품고 사는 사람은 그냥 지나치지 않습니다. 지켜보지요. 그것도 오래도록 말이에요.

　그러다 아무런 쓰임새도 없어 보이는 썩은 그루터기조차 귀한 생명을 품어 내는 보금자리가 된다는 것을 알게 됩니다. 또한 이러한 관찰의 삶을 이어 가다 보면 자연에는 그 무엇도 허투루 버려지는 것이 없다는 사실을, 결국 자연에는 그 무엇도 의미 없는 것은 없다는 사실을 깨닫게 되지요.

　관찰의 관(觀)은 '자세히 보다.'라는 뜻이며, 찰(察)은 '살펴서 알다.'라는 뜻이지요. 따라서 관찰은 '자세히 보며 살펴서 무언가를 알아 가는 과정' 정도로 뜻풀이를 할 수 있어요. 조금 더 풀어 말하면 '그냥 보는 것이 아니라 자세히 보는 것이며, 보는 것으로 그치지 않고 무언가를 제대로 아는 데까지 이르도록 두루 살펴서 생각하며 보는 것'이 관찰입니다. 하나 덧붙여, 관찰을 이야기할 때 계속 '본다'는 표현이 나오지만 그렇다고 해서 관찰이 오로지 '시각'에만 의존한다는 뜻은 아닙니다. 필요에 따라서는 청각, 후각, 촉각, 미각까지 총동원하지요.

그런데 관찰에 대한 섬세한 정의는 학문의 영역에 따라 차이가 있어요. 또한 같은 학문의 영역에 있다 하더라도 학자마다 생각이 다를 수 있고요. 이 책에서는 생명과학자로서 내가 생각하는 관찰, 또한 우리 땅에 깃들인 다양한 생명체를 오랜 시간 관찰하면서 직접 느끼며 깨닫게 된 이야기를 전하려 해요. 조금 쑥스럽지만 세상은 이제 나를 향해 '관찰에 아름답게 미친 사람'이라는 평가도 해주고 있거든요.

이렇게 말하고 보니 마치 내가 처음부터 관찰의 길을 걸은 것으로 비치네요. 그런데 말이죠. 사실 나는 관찰과는 거리가 먼 사람이었어요. 생물학 중에서도 실험과학자였기 때문이지요. 실험과학자니 '관찰'보다는 아무래도 '분석' 또는 '탐구'를 하는 사람이라고 보아야 합니다. 그런데 어쩌다 '분석'이나 '탐구'가 아니라 '관찰'의 세계에 깊이 빠지게 되었냐고요?

1991년, 실험생물학의 한 갈래인 식물생리학 전공으로 공부를 마치고 지금 근무하는 대학에 부임하게 되었어요. 개교 첫해였지요. 모든 것이 처음일 수밖에 없는 신설 대학이니 나의 애씀으로 원하는 것을 하나씩 채워 갈 수 있다는 상상만으로도 가슴이 벅차올랐어요. 하지만 얼마 지나지 않아 현실은 그 기쁨의 대부분을 가슴에서 도려내라 했지요.

순수과학을 연구하는 사람의 꿈은 크게 다르지 않으리라 생각해요. 관심 분야가 같은 학생 몇 명과 함께 밤을 지새우며 연구하여 1년에 한두 편의 논문을 발표하는 일이지요. 그러나 시작조차 하지 못한 채 그 소박한 꿈을 접어야 했어요. 모든 것이 나의 게으름에서 비롯됐음은 인정해요. 하지만 신설 대학에 실험에 꼭 필요한 값비싼 분석 장비가 짧은 시간에 마련될 수 없었고, 학생이라고는 이제 대학에 갓 들어온 신입생이 전부였어요. 자고 일어나면 새로운 정보가 쏟아지는 실험생물학의 특성도 한몫을 했지요.

그렇다고 그대로 주저앉을 수는 없잖아요. 그래서 곁에 있는 지리산과 섬진강이 품고 있는 생명으로 관심을 돌리기 시작했어요. 내 발로 온 힘을 다하여 움직여 자연에 깃들인 다양한 생명체를 직접 만나 관찰하는 삶을 새로운 꿈으로 삼은 것이었어요. 관찰을 할 때는 특별한 장비가 필요하지 않았어요. 내게 볼 수 있는 눈이 있고, 들을 수 있는 귀가 있으며, 무엇을 느낄 수 있는 가슴이 있으니까요.

결국 내 몸을 장비로 삼은 셈이지요.

　그리고 그렇게 25년이 흘렀습니다. 나는 그 관찰의 시간을 통해 무엇을 보았을까요? 어떤 이야기를 들었을까요? 무엇을 깨달았으며, 무엇을 알게 되었을까요?

　자, 이제 관찰의 세계에 제대로 들어가서 관찰한다는 것은 무엇인지 하나씩 풀어 가 볼게요.

관찰의 속살

자세히 보다

씨앗 하나를 심어 본 적이 있나요? 그 씨앗에서 싹이 움트는 모습을 지켜본 적은 있나요? 연약한 어린 식물이 자라서 마침내 그 무엇도 쓰러뜨리지 못할 우람한 나무로 변하는 과정은요?

씨앗에서 처음 나온 싹을 떡잎이라고 해요. 벼를 심으면 몇 장의 떡잎이 나올까요? 한 장으로 된 떡잎이 길쭉한 모습으로 솟아올라요. 콩을 심으면 몇 장의 떡잎이 나올까요? 양쪽 손으로 턱을 괸 모습으로 두 장의 떡잎이 나오지요. 꽃과 열매를 맺는 종자식물 중, 나중에 커서 씨앗이 될 밑씨가 씨방 안에 들어 있는 속씨식물은 이처럼 한 장의 떡잎을 내거나 두 장의 떡잎을 낸답니다. 이를 각각 외떡잎식물과 쌍떡잎식물이라 불러요. 사람들이 수많은 식물을 관찰하여 알아낸 사실이지요.

외떡잎식물의 떡잎 한 장이 커서 잎의 형태를 갖춰 가요. 그 잎의 잎맥을 자세히 본 적이 있나요? 하나같이 나란히 뻗은 모양이에요. 쌍떡잎식물 잎의 잎맥은 어떨까요? 그래요. 하나같이 그물 모양이지요. 이 또한 오랜 관찰의 결과 밝혀진 사실입니다.

알고 싶은 마음은 여기에서 멈추지 않습니다. 땅속에 묻혀 보이지도 않는 뿌리조차 자세히 본 사람이 있는 것이지요. 그 결과 외떡잎식물의 뿌리는 수염뿌리며, 쌍떡잎식물의 뿌리는 하나의 뿌리가 곧게 뻗어 내려간다는 사실을 알게 됩니다.

외떡잎식물도 쌍떡잎식물도 햇살을 받으며 쑥쑥 커 마침내 꽃을 피웁니다. 그 꽃 역시 허투루 보지 않고 꼼꼼히 살펴본 사람이 있었지요. 그래서 외떡잎식물의 꽃잎은 3장 또는 3의 배수, 쌍떡잎식물의 꽃잎은 4~5장 또는 그 배수로 나타난다는 것을 알게 됩니다. 쉽게 볼 수 있는 꽃잎뿐만 아니라 그 안의 암술과 수술의 숫자까지 더 자세히 관찰한 사람도 있습니다. 이를 통해 암술과 수술의 개수와 배치 역시 질서가 있다는 것을 알게 되었고, 그 질서는 식물을 분류하는 중요한 기본 틀이 되었지요. 어디 이뿐일까요? 우리가 알고 있는 지식 대부분이 누군가의 관찰에서 비롯된 것이랍니다.

관찰은 무엇을 제대로 알기 위하여 합니다. 그리고 무엇을 제대로 알려면 이처럼 '자세히 보는 것'이 그 시작이고요. 무엇을 얼핏 보아서는, 생각 없이 그냥 스쳐 지나며 보아서는 제대로 알 수 있는 것이 없습니다.

무엇을 자세히 보는 것으로 둘째라면 서럽다 할 사람들은 천문학의 세계에 빠져 있는 사람들이 아닌가 싶어요. 사람들이 언제부터 밤하늘의 별을 보기 시작했는지 알 길은 없어요. 어쩌면 인류의 출

현과 그 시작이 같을지도 모르겠습니다. 처음에는 아무런 장비도 없이 오직 맨눈으로 보았겠지요.

별자리 하면 떠오르는 분은 '별자리의 아버지'라 불리는 티코 브라헤(1546~1601)입니다. 티코 브라헤는 오직 맨눈으로 밤하늘을 지켜보았는데, 그 정확성이 맨눈으로 볼 수 있는 극한까지 이르렀다는 평가를 받는 인물이지요.

1572년 11월 6일 밤이었어요. 언제나 그렇듯 밤하늘을 수놓은 별들의 잔치에 빠져 있던 티코 브라헤는 자신의 눈을 의심하게 되지요. 이럴 수는 없는데……. 하지만 의심은 현실이었습니다. 카시오페이아 별자리 근처에서 분명 처음 보는 별 하나가 빛나고 있었어요. 뿐만 아니라 그 별은 다섯 개의 별보다 더 밝았지요. 이 대목이 중요합니다. 티코 브라헤는 카시오페이아 별자리 주변의 모든 별들을 낱낱이 알고 있었다는 뜻이니까요. 물론 카시오페이아 별자리뿐만이 아니었겠지요.

새로운 별이 발견되었다는 것은 당시로는 엄청 충격적인 일이었어요. 지구는 돌더라도 별은 천구에 고정되어 있다고 믿었기 때문이지요. 천상은 완벽하며, 별은 생성도 소멸도 없이 영원히 같은 자리에서 빛나는 것으로 굳게 믿었던 시대였습니다. 따라서 새로운 별의 출현은 그동안의 믿음과 생각의 틀을 뒤흔드는 어마어마한 사건이었던 것이지요.

티코 브라헤는 단 한 번의 관찰로 그 별을 새로운 별로 단정하지 않았어요. 카시오페이아 별자리를 기준으로 위치를 정한 뒤, 그 위치가 혜성이나 소행성처럼 변하는지 아니면 항상 똑같은 곳에 자리 잡고 있는지를 살펴보며 색깔의 변화까지 자세히 관찰합니다. 18개월 동안 날마다 관찰하고 측정한 끝에 그 별은 내내 제자리를 지킨다는 것을 확인해요. 정말로 새로운 별이었던 것입니다.

티코 브라헤가 세상을 떠난 뒤, 그가 남긴 방대한 관측 자료는 제자 케플러에게 전해지며, 케플러는 이를 수학적인 체계로 분석하여 행성 운동의 세 법칙을 확립하고, 케플러의 법칙을 바탕으로 뉴턴은 만유인력의 법칙을 완성하지요.

과학사에는 그 이름이 빛나는 법칙들이 많아요. 하지만 그 법칙이 어느 한 사람 혼자의 힘만으로 이루어진 적은 없어요. 티코 브라헤에 앞서 밤하늘의 별을 헤아려 관찰하며 무언가를 남김으로써 그에게 영향을 미친 분들의 수는 또 얼마나 많을까요?

관찰을 향한 열정, 곧 더 자세히 보는 것을 통해 무엇을 제대로 알고자 하는 열정은 눈으로 볼 수 없는 세상에까지 도전하게 하지요. 눈의 한계를 넘어서고자 하는 열정 중 하나는 망원경에 대한 도전으로, 또 하나는 현미경에 대한 도전으로 표현됩니다.

망원경은 너무 멀어서 보이지 않는 것을 자세히 볼 수 있게 해 주는 도구인 반면, 현미경은 너무 작아서 보이지 않는 것을 자세히 볼

수 있게 해 주는 도구라
할 수 있어요. 보이지 않던
'사물'을 볼 수 있게 된 것을 넘어,
보이지 않던 '생명체'를 볼 수 있게 됩니다.
현미경의 발명이 생명과학의 세계를 완전히 다른 세상으로 바꿔 놓
았다는 것은 두말할 필요도 없지요.

　현미경은 1590년대에 얀센과 그 아들에 의해 만들어졌지만 과학
에 본격적으로 활용되기 시작한 것은 70년이 더 지난 1660년대의
일이었어요. 그 중심에는 렌즈 깎기의 달인이라 불러도 좋을 안톤
판 레이우엔훅(1632~1723)이 있었고요.

　레이우엔훅이 처음부터 과학자의 길을 걸었던 것은 아니었어요.
하지만 레이우엔훅은 무엇이라도 아주 자세히 보고 싶은 마음이 강
했던 사람으로 보입니다. 그는 특정한 연구 대상을 정한 것이 아니
라 주변에 있는 모든 것을 현미경을
통해 자세히 들여다보기 시작했지요.
그러다 1670년대 중반, 마흔 살이 넘은
그는 마침내 집 근처 호수에서 물을 떠 와
자신의 현미경 위에 올려놓게 됩니다.
그런데 어찌 이런 일이! 아무것도
없을 줄 알았던 그 물 한 방울

에서 수많은 생명체들이 우글거리는 것을 확인합니다. 레이우엔훅의 머릿속에서는 어떤 생각이 맴돌았을까요? 레이우엔훅은 관찰을 이어 갑니다. 시궁창을 흐르는 구정물을 포함하여 세상의 물이란 물은 다 가져와서 그 안의 '아주 작은 동물'들을 쉼 없이 관찰하지요. 이 정도의 관찰이면 확실하다 싶었을 때 레이우엔훅은 이들에게 '극미동물'이라는 이름까지 붙여 준 뒤 그 결과를 런던 왕립학회에 보내게 되지요. 이는 엄청난 사건이었어요. '눈에 보이지 않으니 없다.'에서 '눈에 보이지 않아도 있다.'로 생명체에 대한 시각을 바꿔야 하는 사건이었기 때문입니다.

'아주 작은 동물'의 발견으로 세상이 뒤집어지고, 그 충격이 채 가라앉기 전 레이우엔훅은 자신의 이 사이에 낀 음식물 찌꺼기까지 관찰하게 되지요. 뭔가 꼬물거리는 것이 있었어요. 세균을 관찰한 것입니다. 또한 세균은 막대기 모양(간균), 나선 모양(나선균), 공 모양(구균)의 세 형태가 있다는 것을 알아내, 세밀화에 가까운 수준의 그림과 함께 왕립학회에 보내요. "여러분의 입속에는 전 세계의 인구보다 더 많은 숫자의 작은 벌레가 득실거린다."는 소감을 덧붙여서 말이에요.

레이우엔훅의 관찰을 통해 인간은 세균을 포함한 미생물의 세계에 비로소 눈을 뜨게 됩니다.

이제 우리 이야기로 돌아오겠습니다. 어때요? 관찰의 시작, 곧 자세히 본다는 것이 어떤 일인지 가슴에 조금 더 다가오나요? 그런데 자세히 보고 싶은 마음은 생겼으나 망원경도 없고 현미경도 없어 무엇을 자세히 볼 수 없다고요? 괜찮아요. 눈으로 볼 수 있는 주변의 것들을 조금만 더 자세히 보아도 여러분의 삶은 완전히 달라질 수 있답니다.

다가서서 눈높이를 맞추다

관찰은 '자세히 보는 것'으로 시작해요. 그런데 자세히 보기 위해서 몇 가지 필요한 것이 있어요. 멀리 뚝 떨어져서 무엇을 자세히 볼 수는 없지요. 관찰하고자 하는 대상에 가까이 다가서야 해요. 그리고 다가선 뒤에는 눈높이를 맞춰야 하지요. 다가서서 눈높이를 맞춰야 자세히 볼 수 있고, 그래야 제대로 알 수 있어요.

새에 단단히 미쳐 새만 보며 산 지 꽤 오랜 시간이 흘렀습니다. 새를 만나기 전에는 생명이 있는 모든 것을 만나고 다녔어요. 산을 주로 다녔는데, 산에는 다양한 생명이 깃들여 있기 때문이었지요. 기꺼이 제자리를 지키면서도 철을 따라 몰려오는 세상살이의 어려움

아침 이슬 머금은 배풍등 열매

을 잘도 견뎌 내는 들꽃이 있지요. 이렇게 사는 것이 옳다는 듯 당당하게 서 있는 나무가 있고요. 다양한 형태와 빛깔의 멋진 버섯은 낮은 땅과 높은 나무를 오가며 피어 있고, 꽃과 나무와 버섯 사이를 분주히 스며드는 크고 작은 곤충이 있어요. 아주 조심스럽게 조금 더 다가서면 계곡과 그 주변에서 양서류와 파충류도 틀림없이 만날 수 있고요.

움막을 짓고 기다리다 만난 고라니

무척 긴 기다림과 외로움을 감당해야 하지만, 자연의 모습에 가깝게 몸을 감추고 버티다 보면 몸집이 큰 산짐승의 맑은 눈을 가까운 거리에서 만날 때도 있고요. 게다가 같은 곳으로 산행을 많이 하다 보면 그 안에 깃들인 모든 생명들이 수상쩍은 눈빛을 거두고 슬쩍슬쩍 말을 걸어오기도 하지요. 산이 품은 생명은 내 곁에 있는 참으로 귀한 벗입니다.

그런데요, 여기까지는 만남이지 관찰은 아니에요. 더 알아야 하겠다는 생각으로 더 가까이 다가서게 되면서 관찰의 삶이 시작되었다고 할 수 있어요. 생명을 만나는 삶에서 생명을 관찰하는 삶으로 바꾸면서 관찰 대상을 좁혀야 했고, 그때 정한 대상이 버섯이었어요. 그때까지 그냥 스쳐 지나며 만났던 버섯에 가까이 다가서기로 마음을 정하고, 이후로 7년 정도는 오직 버섯만 보고 다니는 생활을 하게 되었지요.

버섯을 관찰 대상으로 정한 다음 무엇부터 했을까요? 그래요. 버섯을 찾아 나서야 했어요. 찾는 것이 다가섬의 한 조각이니까요. 그런데 처음에는 버섯을 찾는 것 자체가 쉽지 않았어요. 그럴 수밖에 없어요. 버섯을 알지 못하니 버섯이 피어날 곳을 알지 못하여 엉뚱한 곳에서 헤맨 시간이 길었던 것이지요. 버섯을 알지 못하니 버섯이 피어날 시기를 알지 못하여 엉뚱한 시기에 헤맨 시간도 길었고요. 물론 버섯에 대해서 공부를 했지요. 하지만 책과 현장은 사뭇 다

를 때가 많았어요. 할 수 없이 산속을 더듬듯 다니며 여기저기를 기웃거리지요. 그러다 어렵사리 버섯을 만납니다.

그다음에는 어떻게 해야 할까요? 대상이 버섯이에요. 키가 10센티미터를 넘지 않는 것이 대부분이지요. 그래요. 그저 엎드리는 것이었어요. 버섯에 가능한 가까이 다가가 버섯의 높이로 코가 땅에 닿을 듯 엎드려야 버섯이 제대로 보였고 자세히 알 수 있었어요. 땅바닥에 핀 버섯을 서서 보면 윗부분만 보여요. 갓 아래쪽이 주름살 모습인지 아니면 작은 구멍이 무수히 뚫린 모습인지 알 수 없어요. 땅바닥에 핀 버섯을 앉아서 보면 위와 옆만 보이지요. 땅바닥에 핀 버섯은 엎드려서 버섯의 높이로 보아야 위도 옆도 아래도 모두 자세

히 볼 수 있어요. 다른 무엇을 관찰하더라도 그 대상과 눈높이를 맞추는 방법 말고 다른 길은 없을 것입니다.

그런데 관찰 대상보다 내가 낮은 곳에 있다면 어떻게 해야 할까요? 낮아도 너무 낮은 곳에 있다면 어떻게 해야 할까요? 그 문제를 해결한 사람이 있습니다. 알아주는 이 없어도 자신의 일에 온몸을 바친 사람, 여성의 한계라는 겹겹의 거대한 산까지 넘어 세상을 비추는 등불이 된 사람, 오직 열정과 끈기로 뚜벅뚜벅 한 걸음씩 내딛다 보니 어느덧 세상의 중심에 서 있는 사람, 열대우림의 우듬지를 연구한 생태학자 마거릿 로우먼(1953~)입니다.

열대우림의 나무들은 60미터까지 자라요. 20층 건물에 해당하는

높이의 나무들이 빽빽하게 들어서 있는 셈이지요. 나무 꼭대기 부분을 우듬지라고 하는데 열대우림의 우듬지에서는 어떤 일이 벌어지고 있을까요? 우듬지, 아득히 높은 곳이에요. 게다가 조밀한 가지와 나뭇잎들이 한 몸으로 뒤엉켜 잘 보이지도 않지요. 중요한 점은 우듬지에 서식하는 다양한 생물 중에는 지상으로 내려오지 않고 오직 우듬지에서만 서식하는 종들이 많다는 것이에요.

그러니 땅에서 하염없이 올려다보기만 해서는 그 세상을 제대로 알 수 없어요. 길은 하나, 올라가는 것이지요. 아무도 우듬지로 올라갈 생각을 하지 못하고 있었고, 생각은 했다 하더라도 행동으로 옮길 엄두를 내지 못하고 있을 때, 마거릿 로우먼은 줄 하나에 의지해서 한 걸음 한 걸음 올라갑니다. 그리고 우듬지의 눈높이에 머물면서, 식물은 물론 곤충의 다양한 생존 방식을 자세히 관찰하지요. 그녀는 우듬지에 관해서라면 세계 최고의 권위자일 수밖에 없는 것이지요.

하지만 대상의 높이까지 올라가는 것이 현실적으로 불가능한 경우가 있습니다. 그러면 어떻게 해야 할까요? 몸이 그럴 수 없다면 마음이라도 그곳에 있어야 하겠지요.

다시 나의 이야기로 돌아올게요. 버섯에 푹 빠져 홀로 산을 더듬고 다니며 버섯에 가까이 다가가 엎드리는 시간을 보냈답니다. 7년 정도의 시간이 쌓이니 버섯에 대해서 적잖게 알게도 되었고요. 글과 사진으로 기록도 넉넉히 남겼지요. 그런데 문제가 있었어요. 우리나라의 겨울이 너무 길다는 점이지요. 버섯을 만나려면 봄이 와야 하고 버섯을 만나는 사이에 시간은 쏜살같이 흘러 겨울에 이르는데, 겨울을 지나 다시 봄이 올 때까지 1년에 적어도 3분의 1쯤을 마냥 기다려야 하는 것이 문제였어요. 나이도 마흔을 훌쩍 넘었고 살 수 있는 날이 얼마일지 알 수 없는데, 더 이상 봄만 기다리며 기나긴 겨울을 보낼 수는 없었어요.

하여 겨울에 관찰할 수 있는 대상을 또 찾아 나섰지요. 선택의 폭은 그리 넓지 않았어요. 포유류와 조류 중 하나를 선택해야 했는데, 우리나라의 경우 포유류는 개체가 많지 않고 관찰 자체가 쉽지 않아 결국 조류를 선택하였답니다. 사실 이름을 아는 새도 몇 되지 않는, 미지의 세계였어요. 여러분이 아는 것과 다르지 않은 수준인 채로 새의 세계에 그렇게 도전합니다. 처음에는 봄에서 가을까지는 버섯을 관찰하고, 새는 겨울에만 관찰할 마음이었어요. 그런데 새의 세계에 발을 딛는 순간 이미 빠져나올 수 없는 늪에 들어섰다는 느낌이 들었어요. 아름다운 빛깔, 하늘을 나는 모습, 맑은 눈……. 겨울만이 아니라 1년 내내 새만 바라보는 삶으로 변하고 말았답니다.

이제 관찰 대상을 바꾸었어요. 버섯과는 멀어도 너무 먼 새로 말이지요. 어찌 되었든 무엇부터 했을까요? 그래요. 다르지 않습니다. 새를 찾아 나서야 했지요. 이번에는 준비도 단단히 하고 찾아 나섰어요. 우리나라에 살고 있는 새가 500종 조금 넘어요. 밖으로 새를 찾아 나서기 전 조류 도감을 보고 이름과 모습은 완전히 외웠지요.

그런데 말이죠. 아뿔싸, 버섯은 찾는 것이 문제였고 다가서는 것은 큰 문제가 없었는데, 새는 시작부터 어긋났어요. 찾는 것도 힘들지만 찾았다 해도 도무지 다가설 방법이 없는 것이었죠. 해코지할 마음이 조금도 없는데도 새들은 다가서면 멀어지고, 또다시 다가서면 다가선 만큼 멀어지거나 아예 멀리 날아가 눈에서 사라져 버리는 것이에요. 차도 이용해 보았죠. 느리게 일정 속도를 유지하면 새는 경계만 할 뿐 날아가지는 않아요. 하지만 차가 멈추면 대부분 날아가요. 차가 멈출 때 날아가지 않아도 창문을 내리면 거의 날아가요. 창문을 내린 것까지 꾹 참아 주었다 해도 차에서 내리는 순간 새는 모두 날아가 버려요.

이것 참…… 다가서지도 못하니 관찰은 꿈도 꿀 수 없는 형편이었어요. 아무리 궁리해 보아도 길은 오직 하나, 위장뿐이었어요. 위장용 천을 뒤집어쓰고 기어서 접근하기 시작했어요. 그런대로 효과가 있었지요. 하지만 새들의 예민한 시각과 청각을 다 속이지 못했을뿐더러 며칠을 견디지 못하고 몸 여기저기가 아파 왔어요. 다음 길은 아예 움막 하나를 짓는 것이었어요. 움막은 자연에 있는 재료만으로 지었어요. 자연의 모습을 고스란히 닮게 지은 것이었으니 완벽했지요.

섬진강 가장자리에 지은 나의 첫 움막

새를 온전히 관찰할 수 있었던 것은 움막 안으로 들어간 순간부터였어요. 움막을 지은 섬진강 가장자리는 겨울 철새 중 오리 종류 수백 마리가 모여 노니는 곳이었어요. 물론 움막 안에서도 관찰 대상에 눈높이를 맞추는 관찰의 기본자세는 지켰지요. 물 위에 떠 있는 새와 눈높이를 맞추기 위해 어떻게 했을까요? 움막 바닥의 땅을 파낸 뒤 배를 대고 엎드렸지요. 강 가장자리에서 수면 높이에 맞춰 한참 땅을 파냈으니 어떤 일이 벌어졌을지는 상상에 맡깁니다. 게다가

무척 추운 겨울날이었어요.

　그렇게 다가서려고 해도 멀어지기만 했던 새들이 바로 코앞에서 날갯짓을 하고, 물을 박차며 창공으로 날아오르고, 어느 결에 다시 나타나 미끄러지듯 수면 위로 내려앉고, 서로 애무를 했어요. 잠수 능력이 있는 새들은 물속으로 자맥질을 한 다음 물고기를 한 마리씩 물고 나오고, 누가 물고기를 잡으면 서로 빼앗으려 다툼을 벌이고, 잠수를 할 수 없는 새들은 얕은 곳에서 꽁무니만 물 위로 내민 채로 물구나무를 서서 강바닥을 뒤져 조개 하나를 집어 올렸지요. 그런 자연스러운 모습을 가까이서 자세히 지켜보는 것은 정말 경이로운 경험이었어요. 이렇게 해서 나는 새의 세계로 조금 더 깊이 들어갈 수 있었어요. 그해 겨울, 결국 손과 발에 동상을 입었지만 그것은 그저 관찰의 기쁨에 따라온 영광의 상처일 뿐이었지요.

　그런데 여기서 한번 생각해 볼 것이 있어요. 대상에 다가섬의 주체가 꼭 나여야 하는가 하는 점이에요. 꼭 내가 대상에 다가가야 할까요? 대상이 나에게 다가오게 하는 방법도 있답니다. 그 또한 다가섬이라 할 수 있고, 자세히 볼 수 있는 기회가 되니까요. 망원경과 현미경으로 관찰하는 것 역시 대상이 나에게 다가오게 하는 하나의 방법인 것이고요.

　관찰 대상이 동물이라면 나에게 다가오게 하는 방법으로 먹이를 주는 길이 있어요. 먹을 것에 대한 유혹은 누구라도 뿌리치기 힘드

숭어를 낚아채는 물수리

니까요. 길은 길이지만 개인적으로는 피하고 있는 길이며, 권하고 싶지도 않아요. 이유는 분명합니다. 먹이를 주어 대상을 불러 모으는 것은 자연의 모습이 아니며, 간섭이기 때문이지요. 자연의 모습을 벗어나 간섭하며 본 것을, 설령 자세히 보았다 하더라도, 온전한 관찰이라고 할 수 없어요. 자격 미달입니다.

대상이 나에게 다가오게 하는 부분에 있어서 돋보이는 한 분을 소개할게요. 1960년 어느 여름날이었어요. 탄자니아 호수 인근의 자연보호 구역 곰비를 향해 걸음을 옮기는 안내인은 영국인 손님 두 명을 흘끔거릴 수밖에 없었지요. 침팬지를 연구하러 왔다는데 아무래도 아닌 것 같았기 때문이었어요. 두 사람 모두 여성이라는 것부터가 이상했고요. 게다가 실제 연구자는 그중 젊은 쪽이라는데, 기껏해야 스물대여섯밖에 안 되었어요. 더 나이 많은 쪽은 그녀의 어머니인데 젊은 백인 여성 혼자서 오지에 들어가는 것을 탐탁잖게 여기는 정부를 안심시키기 위해 따라온 보호자라고 했어요.

하지만 아무래도 이건 좀 아니라고 안내인은 생각하지요. 저 두 사람이 과연 얼마나 버틸 수 있을까? 기껏해야 몇 주나 버티면 다행이겠지 하고 코웃음을 칩니다. 하지만 다섯 달이 지나 어머니가 귀국한 뒤에도 그 젊은 여자는 10년 넘도록 그곳에 머물며 침팬지의 일상을 빠짐없이 관찰하여 전 세계를 깜짝 놀라게 하지요. 이 정도면 누군지 알아차릴 친구가 제법 있을 것 같군요. 그래요. 제인 구달

(1934~)입니다.

어머니가 영국으로 돌아가자, 제인 구달은 혼자 남아 날마다 밀림을 뒤지며 침팬지를 찾아다니는 일상을 시작하지요. 관찰이 시작되고 처음 얼마 동안은 침팬지를 구경조차 할 수 없었다고 해요. 야생의 동물은 인간보다 감각이 월등히 뛰어납니다. 누가 다가오는 것을 인간보다 훨씬 빠르게 알아차리지요. 제인 구달이 다가서는 만큼 침팬지는 은밀히 멀어졌을 것입니다. 제인 구달 자신이 알아차리지도 못할 만큼 은밀하게 말이지요. 제인 구달이 침팬지에 다가서는 길은 완전히 막힌 상태였지요.

제인 구달은 어떻게 이 문제를 해결했을까요? 자신이 잘 드러나는 언덕 위에 앉아서 침팬지들이 자기 모습에 익숙해지게 합니다. 하루, 이틀, 사흘, 나흘…… 그렇게 시간이 쌓이자 침팬지들이 하나둘 제인 구달에게 접근합니다. 마침내 제인 구달은 침팬지의 털까지 골라 줄 수 있게 되지요.

무엇을 관찰하기 위해서는 대상에 가까이 다가서야 해요. 다가설 길이 조금도 없다면 대상이 내게 다가오게 하는 것도 다가섬에 포함시킬 수 있어요. 그리고 어떠한 모습으로든 다가섬이 이루어졌다면 다음 차례는 눈과 눈높이를 맞추는 것이 필요해요. 그러니 다가선다는 것은 관찰의 대상 안으로 깊숙이 들어가 결국 대상과 하나가 된다는 뜻이기도 하답니다.

오래 기다리고 오래 지켜보다

관찰은 자세히 보는 것으로 시작해요. 자세히 보려면 다가섬이 있어야 하고 눈높이를 맞춰야 한다고 말했어요. 가까이에서 자세히 살펴보는 것을 들여다본다고 하지요. 그러니 관찰은 기본적으로 들여다보는 것인데, 거기에 더 보태야 할 것이 있어요. 오래도록 지켜보는 것입니다.

'관찰하다'의 뜻을 지닌 영어 단어는 'observe'이지요. observe의 말뿌리는 '지키다'라는 뜻의 'ser-'이고요. 여기에 '앞'을 뜻하는 'ob-'가 붙어 있어요. '앞을 지킨다.' 관찰의 의미로 무척 가슴에 와닿습니다.

이처럼 앞을 지키는 것, 곧 지켜보는 것이 관찰이니 관찰의 깊이는 지켜본 시간에 비례할 수밖에 없어요. 한 시간 관찰했다면 한 시간 관찰한 만큼만 아는 것이고, 1년을 관찰했다면 1년 관찰한 만큼만 아는 것이며, 10년을 관찰했다면 10년 관찰한 만큼만 알게 되는 것이니까요. 물론 한 시간의 관찰로 관찰이 완성되는 경우도 있겠지만 적어도 자연과학의 경우에는 10년이 짧은 경우가 흔하며, 때로 평생의 시간이 부족하기도 합니다.

무언가를 오래도록 지켜본 관찰자 하면 바로 연상되는 분이 있지요. 어린이에서 어른에 이르기까지 자연관찰자 중 가장 친근한 분이기도 할 것이에요. 그래요. 장 앙리 파브르(1823~1915)입니다. 잠잘 때를 빼놓고는 절대로 벗지 않았다는 챙 넓은 검정색 모자에 소박한 옷차림으로 언제나 길가에 엎드려 곤충을 관찰하는 바람에 주위 사람들로부터 종종 미치광이 취급을 받기도 했지요.

파브르는 단순히 곤충의 표본을 만들고 분류하는 것을 넘어 자연 속에서 벌어지는 모습 그대로 곤충을 관찰하는 것이 중요함을 알았어요. 그리고 그러한 관찰의 삶을 올곧게 이어 가면서 그때까지 알지 못했던 곤충의 생태를 하나씩 밝힘은 물론, 이전까지 이루어진 관찰에서 발생한 오류들도 하나둘 바로잡습니다.

예를 들어, 어느 저명한 곤충학자의 책에서 노래기벌이 비단벌레를 잡아 애벌레의 먹이로 사용하는 대목을 읽다가 파브르는 뭔가 이상한 점이 있다는 것을 알아차리게 되지요. 노래기벌이 죽인 비단벌레가 시간이 오래 지나도록 썩지 않는 까닭은 일종의 방부제가 주입되기 때문이라는 그 곤충학자의 설명에 의구심을 품게 된 것입니다. 수없이 반복되는 관찰 끝에 파브르는 노래기벌이 비단벌레를 죽인 다음 방부 처리를 하는 것이 아니라, 신경을 마비시킬 뿐임을 알아냅니다. 즉 비단벌레는 살아 있는 상태로 노래기벌 애벌레의 식량이 되었던 것이지요.

밤낮을 가리지 않고 오래도록 기다리며 곤충만 지켜보는 사람을 이길 자는 아무도 없어요. 그리고 그러한 관찰을 통해 얻은 앎은 그

격이 다를 수밖에 없는 것이고요. 평생을 그렇게 살았음에도 파브르는 회고록에서 "나는 아직도 곤충에 대해 모르는 것이 너무 많다."고 고백합니다.

앞서 소개한 몇 분의 이름을 다시 떠올려 보겠습니다. '별자리의 아버지' 티코 브라헤, 평생토록 밤하늘을 지켜본 분입니다. 레이우엔훅, 세상을 떠나기 열두 시간 전까지도 자신이 만든 현미경을 들여다보며 자신의 눈에 비친 온갖 것을 그리는 데 몰두했던 분이고요. 마거릿 로우먼은 60세가 넘은 나이에도 여전히 우듬지에 머물고 있으며, 80세가 넘은 제인 구달은 이 순간에도 침팬지와 더불어 살아가고 있습니다. 어디 그분들뿐일까요? 과학사에 그 이름이 빛나는 모든 분들은 무엇을 평생토록 지켜본 분들이라고 할 수 있어요. 죽는 순간까지 관찰의 삶을 열정적으로 이어 갔으나 이름조차 묻혀 버린 관찰자는 또한 얼마나 많을까요?

오래도록 지켜보는 것의 다른 표현은 기다림입니다. 그런데 오래도록 기다리며 지켜보는 중에도 모든 것은 한순간에 지나가지요. 우리의 삶이 그런 것처럼 자연에서 벌어지는 모든 일 또한 한번 지나면 다시 오지 않아요. 절대로 다시 보여 주지 않습니다. 그래서 오래도록 기다리며 지켜보는 바탕 위에 쌓아야 할 것이 더 있습니다. 집중력입니다. 오래 기다리며 한순간도 놓치지 않고 집중해서 무엇을 보아야 하니, 결국 인내심이 필요합니다.

내가 새를 온전히 관찰할 수 있었던 것은 움막 하나를 짓고 그 안으로 들어간 순간부터였다고 말했지요. 그런데 새의 생김새를 포함하여 일반적인 습성을 관찰하는 것은 사실 내내 지켜볼 필요까지는 없어요. 또한 하루나 이틀 관찰을 쉰다고 해서 특별히 달라질 것도 없고요. 대단한 인내심까지 필요한 것은 아니라는 뜻입니다. 하지만 번식 과정을 지켜보는 것은 많이 달라요. 적어도 몇 달 동안 둥지에서 눈을 뗄 수가 없어요. 하루하루가 조금씩 다르고, 언제 어떤 일이 벌어질지는 내내 지켜보지 않으면 알 수 없기 때문이지요.

나의 첫 책 『큰오색딱따구리의 육아일기』는 50일의 관찰 일기입니다. 일주일에 열 시간 학교에서 수업을 해야 했고, 얼마 되지 않지만 학교와 관찰 장소를 오가는 이동 시간이 있었기에 그 시간은 관찰 시간에서 빠져요. 두 번째 책 『동고비와 함께한 80일』은 제목처럼 80일의 관찰 일기지만, 더 확인할 내용이 있어 다음 해에 80일 정도를 다시 관찰하여 펴낸 책입니다. 처음 80일은 학교를 휴직하며 한순간도 거르지 않고 오직 동고비만 관찰했고, 다음 80일은 복직을 한 상태였기 때문에 내내 지켜보지는 못했어요. 세 번째 책 『까막딱따구리 숲』은 2년에 걸친 관찰 일기인데 그중 움막을 떠나지 않고 지킨 시간은 6개월이었으며, 어쩔 수 없이 또다시 휴직을 해야 했습니다. 이렇게 몇 달 동안은 지켜보아야 하지요.

새의 번식 과정을 관찰한다는 것은 어떤 생활을 하는 것일까요?

딱따구리의 옛 둥지 입구에 진흙을 발라 둥지를 짓는 동고비

나는 이렇게 했어요. 우선 둥지를 찾아 나섭니다. 새가 둥지를 짓는 첫 순간을 만나는 것은 쉬운 일이 아닙니다. 새들이 올해는 여기서 새끼를 키워 낼 것이라며 광고하지는 않기 때문이지요. 당연히 은밀한 곳에 은밀히 지어요. 딱따구리도 마찬가지입니다. 숲에 있는 수많은 나무 중에 어떤 나무에 매달려 둥지를 지을지는 오직 딱따구리 자신만 아는 것이지요. 물론 나중에는 딱따구리가 둥지 나무로 선택한 나무에 몇 가지 공통점이 있다는 것을 알았기 때문에, 가능성이 높은 나무 앞에 미리 움막을 지어 놓고 기다려 둥지를 짓는 과정을 처음부터 끝까지 관찰한 적은 있어요.

첫 책의 주인공인 큰오색딱따구리를 만났을 때는 아직 나에게 그런 지식이 없었던 때였어요. 하지만 다행히 둥지를 짓기 시작한 지 며칠 지나지 않은 상태에서 만났기 때문에 둥지를 짓는 모습도 거의 처음부터 관찰한 셈이었지요. 동고비는 둥지를 짓는 첫날부터 관찰할 수 있었어요. 동고비는 딱따구리가 쓰다 버린 둥지에 진흙을 붙이는 새들이니 나무에 뚫려 있는 딱따구리의 둥지만 찾아다니면 되었기 때문이지요. 열두 개의 딱따구리 둥지를 미리 정해 놓고 보름에 걸쳐 열두 개의 둥지를 쉼 없이 오가며 확인했는데, 다행히 그중 한 나무에서 첫 진흙을 가져오는 동고비를 만날 수 있었어요. 『동고비와 함께한 80일』의 80일은 첫 진흙을 가져온 이후로 둥지를 짓고, 알을 낳아 품고, 부화한 어린 새에게 먹이를 날라 키워 여덟 마리의 어린 새가 모두 둥지를 떠나는 날까지가 80일이라는 뜻이었습니다.

이렇게 둥지를 찾은 뒤에는 새들의 둥지 앞에 나의 둥지도 짓습니다. 그들의 일상을 하나도 빠짐없이 관찰할 나의 움막을 짓는 것이지요. 물론 움막의 위치는 새들의 동선을 잘 살핀 뒤 간섭이 가장 적은 곳으로 정하지요. 관찰은 새벽 4시부터 시작해요. 그 전에 일어나 준비해야 하는 것은 당연하고요. 번식이 이뤄지는 4월 즈음의 새벽 4시는 암흑입니다. 보이는 것이 없지요. 그런데 왜 새벽 4시에 시작했을까요?

번식 일정을 관찰한다는 것은 결국 남의 사생활을 엿보는 것이니 예의를 지켜야 한다고 생각했어요. 그러니 아무것도 보이지 않는 시간에 나도 어두움이 되어 조용히 움막에 들어서야 했어요. 또한 그 어느 것도 놓치고 싶지 않았고요. 저들과 내가 맞을 하루하루가 어떤 모습으로 열리는지부터가 궁금했어요. 관찰은 밤 10시까지가 기본이며, 필요하면 밤도 새워요. 밤을 새울 때는 다음 날 밤 10시까지 관찰은 이어지는 것이고요. 하루에 18시간씩 나무 하나만 바라보는 생활이지요. 그렇게 50일, 80일, 180일을 지내는 것이고요.

큰오색딱따구리를 관찰한 50일의 일정을 간단히 소개해 볼게요. 둥지를 지을 때는 암수가 오가는 시간을 기록하고 둥지를 짓는 과정을 자세히 관찰하지요. 둥지를 짓는 일정은 약 3주가 걸리는데, 날마다 비슷한 일정이 이어지는 듯하지만 그 안에도 조금씩은 변화가 있기 때문에 그 진행 사항을 섬세하게 지켜볼 필요가 있어요. 또한 둥지를 짓는 시기는 짝짓기를 하는 시기이기도 하니 하루 중 짝짓기를 하는 시간, 구애 행동, 짝짓기의 구체적인 과정, 소요 시간, 횟수 등을 놓치지 말고 살펴보아야 하지요. 잠시도 눈을 뗄 수가 없습니다.

둥지를 짓는 시기에는 딱따구리가 자주 둥지를 오가기 때문에 그런대로 지켜볼 만해요. 알을 품는 시기에는 조금 힘겨워요. 딱따구리 둥지는 나무속을 파내 짓기 때문에 밖에서는 입구만 보일뿐 내부는 보이지 않아요. 게다가 알을 품는 시간 내내 둥지 밖으로 고개조차 거의 내밀지 않기 때문에 잠시 딴 곳을 보았다가는 언제 들어왔는지, 언제 나갔는지조차 알 수 없는 것이지요. 결국 잠시도 눈을 뗄 수가 없어요.

알을 품는 시기에는 암수 둘 중 누가 품는지, 둘 중 하나가 품는다면 어떤 식으로 품는지, 만약 교대로 품는다면 또한 어떻게 교대하는지를 세세히 살펴야 해요. 큰오색딱따구리는 암수가 약 두 시간 간격으로 교대하며 알을 품어요. 교대는 1~2초 사이에 이뤄지기 때문에 역시 잠시도 둥지에서 눈을 뗄 수가 없고요. 어두움이 내리자 궁금해지기 시작했어요. 서로 잠을 설치며 밤새도록 교대할까? 아니면 밤에는 한쪽이 품을까? 한쪽이 품는다면 암컷일까, 아니면 수컷일까? 다른 길은 없어요. 지켜보는 것뿐이지요. 그렇게 지켜본

둥지에 날아드는 까막딱따구리 수컷

끝에 둥지의 밤은 수컷이 지킨다는 것을 알게 되었어요.

다음 날 새벽, 다른 곳에서 편히 잠을 잔 암컷이 둥지로 와 첫 번째 교대를 해 줍니다. 다시 두 시간 간격으로 교대가 이뤄지고 밤에는 수컷이 꼬박 둥지를 지키고요. 그런데 오늘이 이렇다고 내일도 그럴까요? 그렇지 않을 수 있으니 꼬박 지켜봐야 합니다. 다른 방법이 없어요. 그렇게 2주가 흐르지요. 날마다 밤을 꼬박 새워 관찰하는

큰오색딱따구리의 짝짓기

것이 마땅하지만 그렇게까지 하지는 못했습니다.

드디어 둥지에서 기쁜 일이 생깁니다. 어린 새가 알을 까고 나온 것입니다. 둥지 안의 모습은 보이지 않으나 부모 새들이 먹이를 나르기 시작하는 것으로 부화가 되었음을 알 수 있어요. 이제 눈과 손이 모두 바빠집니다. 먹이를 나르는 방식을 빠짐없이 관찰해야 하기 때문이지요. 이번에는 누가 먹이를 가지고 왔는지, 언제 왔는지, 어느 방향에서 와서 어느 방향으로 날아가는지, 먹이로는 무엇을 가져왔는지 모두 기록해야 해요. 기록하는 순간에도 상황은 진행되기 때문에 둥지를 보며 적어야 하고, 기록 시간을 줄이기 위해 나만의 줄임 글자를 사용해야 하고요. 혼이 다 빠질 지경이 됩니다.

또한 오늘이 이렇다고 내일도 같을까요? 그렇지 않을 수 있으며, 실제로 오늘과 내일이 다르니 날마다 반복해서 지켜볼 수밖에 없는 것이지요. 하루하루가 다르게 24시간이 흐르고, 그렇게 3주가 흐르면 어린 새들은 둥지를 떠납니다.

50일, 80일, 180일. 짧다 할 수도 있고, 길다 할 수도 있는 시간이지요. 하지만 관찰 시간의 길이에 관계없이 한 가지 분명한 것이 있어요. 그 시간 내내 눈을 떼지 않고 지켜봐야 했다는 것이며, 그 시간 사이에 일어날 수 있는 모든 것은 고스란히 인내해야 했다는 점이에요. 혼자 숲 속에 있는 외로움과 두려움도, 제대로 먹지 못하고 자지 못하고 씻지 못하는 것도, 몸을 가누기 힘들 정도로 바닥을 드러내는 체력의 한계를 넘어서는 것도 말입니다. 관찰의 삶, 분명 편안한 길일 수는 없어요. 모질고 거친 길을 끝도 없이 걷는 과정인 것은 틀림없습니다.

이처럼 관찰은 오랜 기다림의 시간을 요구하는 고된 일정이며, 그렇기 때문에 관찰을 위한 기본 요건으로 대상에 대한 진정한 애정과 열정이 꼽히지요. 과학사에 큰 발자국을 남긴 인물 중에서 오랜 기다

림의 시간을 보내지 않은 경우는 없습니다. 그러한 기다림의 시간 없이 무엇을 제대로 아는 것은 불가능한 일이기 때문입니다.

그런데 때로는 더 많은 것을 걸어야 하기도 해요. 어떤 세균학 책의 첫 페이지에는 자신이 관찰하던 세균에 의해 목숨을 잃은 세균학자들의 이름이 수록되어 있어요. 자신의 목숨마저 내놓는 관찰을 통한 연구 결과가 없었다면 지금처럼 우리가 수많은 질병으로부터 자유로울 수는 없었을 거예요. 수많은 관찰자가 오랜 기다림과 인내의 시간을 지나며 알아낸 유형 또는 무형의 많은 것들에 기대어 우리는 오늘을 살아갑니다.

그렇다고 지금 당장 여러분도 이처럼 오래 기다리는 길에, 오래도록 지켜보는 길에 뛰어들라는 것은 아닙니다. 기다림의 세계에, 지켜봄의 세계에 그저 첫발을 내딛는 것으로 충분합니다. 오래라는 것도 결국 순간이 쌓인 것이니까요.

전체 속에서 하나만 보다

눈에 뵈는 것이 버섯밖에 없던 때가 있었어요. 눈만 뜨면 버섯을 찾아 온 산을 샅샅이 뒤지고 다니던 시절이었죠. 먼 곳에 껌 종이나 귤 껍질이 떨어져 있어도 버섯으로 알고 허겁지겁 달려가기 바빴으니까요. 처음에야 편한 산 편한 길로 다녔지만 하나의 버섯이라도 더

버섯의 높이로 엎드려 만난 달걀버섯

보겠다는 마음이 생기자 자연히 험한 산 험한 길을 찾게 되었어요. 나중에는 없는 길마저 만들어 다닐 때가 대부분이었어요. 날은 어두워졌는데 길을 잃을 때가 많았고, 가시덩굴에 옷과 몸이 찢기는 것은 다반사였으며, 독사나 독충을 만나 죽음 문턱에도 몇 번은 이르렀던 것 같아요. 꿈에도 버섯이 자주 나타날 정도였으니 그만하면 버섯에 미쳐도 단단히 미쳤다 할 수 있겠습니다.

관찰은 무엇을 자세히 보는 것입니다. 무엇을 자세히 보려면 대상을 향한 다가섬이 있어야 하고, 눈높이를 맞춰야 하며, 오래도록 지켜봐야 합니다. 그런데 이리저리 눈을 돌리고 기웃거리며 여러 가지를 함께 보면서 무엇을 자세히 볼 수 있을까요? 하나는 이쪽에 있고 다른 하나는 반대쪽에 있는데, 동시에 가까이 다가설 수 있나요? 아주 높은 곳에 있는 것과 아주 낮은 곳에 있는 것에 동시에 눈높이를 맞출 수가 있나요? 불가능합니다.

무엇을 자세히 보려면 우선 무엇 하나만 보는 것이 필요해요. 무엇 하나만 본다는 것은 그 밖의 다른 것에는 눈길을 돌리지 않는다는 뜻이며, 그만큼 포기해야 할 것과 완전히 내려놓아야 할 것이 많다는 뜻이기도 하지요. 그리고 우리의 눈에는 모든 것이 다 보이는데, 그중 하나만 보는 것이 관찰이라면, 관찰의 삶이란 결국 무엇 하나에 제대로 미치는 것이기도 하지요. 관찰의 삶을 살며 과학사에서 그 이름이 빛나는 수많은 분들의 삶이 모두 그러했고요.

"나는 조선의 나비밖에 모르는 사람이다."라고 자신의 삶을 한마디로 말한 분이 계십니다. 나비에 온전히 미치지 않고서야, 자신이 나비고 나비가 자신인 수준이 아니고서는 할 수 없는 표현이지요. 삶 전체를 한반도의 나비 연구에 다 던지셨던 분, 석주명(1908~1950) 선생님입니다.

석주명 선생님은 나비에 관한 한 세계에서 가장 많은 표본을 제작하고 분석하여 논문을 쓴 학자입니다. 우리의 강과 산과 들, 그 어느 곳도 선생님의 발길이 닿지 않은 곳이 없어요. 오직 나비만 보며 말

석주명 선생님이 온 마음을 다해 만났던 배추흰나비

입니다. 그래서 결국 이 땅의 나비를 다 찾아내신 분이고요.

평생의 연구를 통해 석주명 선생님은 조선의 나비를 246종으로 정리하였습니다. 선생님이 246종으로 정리하기 전, 조선의 나비는 무려 921종에 달했어요. 그저 개체변이에 불과한 것을 아예 다른 종으로 분류했던 동종이명(同種異名)의 오류를 선생님이 비로소 바로

잡은 것이지요. 나비를 얼마나 보고 또 보셨을지 가늠하기도 벅찹니다.

석주명 선생님의 우리 나비 사랑은 우리말 나비 이름 짓기로 이어져요. 당시 나비 연구는 열악하기 그지없었던 터라 주변에서 흔히 만나는 몇 종의 나비를 제외하고는 일본식 이름만 있을 뿐 우리말 이름이 없던 시절이었거든요. 선생님은 조선의 나비에 고운 우리말 이름을 지어 주셨어요. 지리산팔랑나비, 떠들썩팔랑나비, 붉은점모시나비, 각시멧노랑나비, 긴꼬리제비나비, 무늬박이제비나비, 은점어리표범나비, 청띠신선나비, 번개오색나비, 유리창나비…… 현재 한반도에 서식하는 나비는 280종입니다. 그중 석주명 선생님이 이름을 지어 준 나비는 249종이고요.

석주명 선생님은 한국전쟁이 한창이던 1950년 10월, 폭격으로 파괴된 국립과학박물관으로 향하다가 누군가의 총격으로 세상을 떠납니다. 전쟁 중에도 석주명 선생님이 남산에 있는 국립과학박물관을 떠나지 못한 것은 나비 때문이었어요. 박물관에는 선생님이 직접 채집하고 분류한 조선의 나비 표본 15만 개가 있었던 것입니다.

이처럼 무엇을 제대로 이룬 사람들의 삶을 들여다보면 그들의 삶은 오직 무엇 하나만을 보는 것으로 이어졌다는 사실을 알 수 있습니다. 그런데 여기서 '오직 하나만 본다.'는 표현에 대하여 한 가지 짚고 넘어갈 것이 있어요.

어린 시절부터 무엇 하나만 보는 친구들이 있습니다. 관찰 대상이 특정 곤충일 때가 많으며, 곤충학자가 장래의 희망이라고 말하지요. 기특합니다. 그리고 그렇게 시작하는 것이기도 하지만 한편 염려스럽기도 해요. 무엇 하나를 제대로 알기 위해서는 그와 연관된 수많은 것들에 대한 다양한 정보와 지식이 필요하기 때문이지요. 무엇 하나만 본다는 것은 가느다란 장대 하나를 땅에 세우는 것과 같아요. 바로 쓰러져요. 하나를 제대로 세우기 위해서는 그 하나를 받쳐줄 수많은 것들이 더불어 있어야 하지요.

버섯을 관찰할 때 나 역시 주변을 두루 보지 못하고 버섯 하나만 보는 부족함이 있었어요. 7년 정도 오직 버섯만 보며 살았지요. 자나깨나 오직 버섯 생각뿐이었고, 날마다 산을 샅샅이 훑듯 다녔어요. 그런데 결국 버섯의 이름을 아는 것에서 그치고 말았어요. 이름을 아는 것도 중요하지요. 하지만 그 이상은 없었습니다. 도감에 나와 있지 않은 신종도 몇몇은 만났던 것 같아요. 그러나 포자에 대한 연구나 분자생물학적 접근을 통해 그 버섯이 이러저러해서 신종이라는 것을 밝힐 능력이 내게 없었어요. 분류학적 기초를 다지지 못한 탓이지요.

뭔가 새로운 것을 알아내기 위해 관찰의 방향을 틀어 버섯의 생태에도 관심을 가져 보았으나 토양에 대한 깊은 이해, 식물 전반에 대한 통찰, 기후의 섬세한 변화가 버섯의 발생에 미치는 영향 등을 아

우르며 버섯을 들여다보기에는 역부족이었어요. 7년을 미친 듯 버섯만 보고 다녔지만 결국 버섯의 이름만 아는 것으로 버섯에 대한 관찰은 접어야 했습니다.

이처럼 쓰라린 경험이 있었음에도 큰오색딱따구리를 관찰할 때조차 처음에는 큰오색딱따구리 하나만 보면 될 줄 알았어요. 그러면 다 알 수 있을 것이라 생각했지요. 그런데 역시 아니었습니다. 하지만 이번에는 눈을 조금 더 크게 떴어요. 나무 하나하나 풀 하나하나도 알려 애썼고, 흙과 물과 햇살과 바람의 성질도 알려 애썼고, 곤충의 애벌레도 낱낱이 알려 애썼고, 주변에서 보이는 모든 새와 다른 동물도 속속들이 알려 애썼던 것이죠. 그래도 부족한 것에 대해서는 각 분야 전문가들의 의견도 끝없이 구했어요.

큰오색딱따구리는 숲을 구성하는 하나의 요소며, 생태계를 구성하는 모든 요소는 서로 끊을 수 없는 관계를 유지하고 있어요. 자연에 홀로 설 수 있는 생명이 없는데, 그 숱한 관계를 모두 무시하고 하나만 떼어 내서 본다고 한들 다 알았다 할 수 없으며, 다 알 수도 없는 것이었습니다.

다시 말합니다. 관찰은 무엇 하나만 보는 것이에요. 하나만 보아야 제대로 알 수 있지요. 그러나 하나만 보아서는 제대로 알 수 없어요. 하나만 보되 그 하나와 연관된 모든 것을 두루 보아야 그 하나를 제대로 알 수 있습니다.

생각하며 지켜보다

관찰은 무엇을 제대로 알기 위하여 합니다. 자세히 보는 것만으로도 제대로 알 수 있지요. 하지만 무엇을 자세히 보는 것만으로 관찰의 목적을 이룰 수 있을까요? 무엇을 제대로 알기 위해서는 생각하며 보는 것이 가장 중요해요. 생각하며 지켜보는 것은 끝없이 '왜?'를 물으며 지켜보는 과정이기도 합니다.

나의 경우 무엇을 곰곰이 생각하며 지켜보기 시작한 것은 딱따구리의 번식 과정을 관찰하면서부터였어요. 들꽃이나 버섯 같은 생명체의 생김새를 관찰하는 것과 딱따구리의 번식 과정을 관찰하는 것은 차원이 달랐어요. 훨씬 더 복잡했지요. 이유를 알 수 없는 행동들이 거의 날마다 벌어졌기 때문에 '왜 이럴까?', '왜 저럴까?' 하는 궁금증은 처음부터 꼬리의 꼬리를 물 수밖에 없었고요. 모르니 답답했지요. 하지만 그 답답함이 나를 관찰의 세계로 더 깊이 이끄는 힘이 되기도 했답니다.

딱따구리의 번식 과정이 다른 새의 번식과 다를 것은 없어요. 출발은 둥지 짓기지요. 둥지가 완성되면 알을 낳아 품고, 어린 새가 알을 깨고 나오면 먹이를 날라 키웁니다. 그리고 어린 새 스스로 둥지를 떠나면 번식 일정이 끝납니다. 그런데 딱따구리의 둥지는 아주 특별해요. 나무줄기에 매달려 나무를 파내 구멍을 뚫고, 마침내 안

나무속을 파낸 부스러기를 버리고 있는 까막딱따구리

으로 들어가서 나무속을 파 내려가 나무속에 빈 공간을 만드는 방법으로 둥지를 짓기 때문이지요. 오직 딱따구리만이 지닌 능력이에요.

둥지를 짓는 과정을 관찰할 때도 궁금증 없이 지나간 날이 없었어요. '저렇게 단단한 나무를 쉬지 않고 쪼아 대는데 머리는 온전할까?' '온전하니 파지 않을까?' 그렇다면 '온전한 이유는 뭐지?'를 포함해서 궁금한 것이 한두 가지가 아니었습니다.

하지만 개인적으로 가장 궁금했던 점은 '숲에 수많은 나무가 있는데 왜 이 나무일까?' 그리고 '입구는 왜 저쪽일까?' 하는 것이었어요. '그냥 아무 나무 하나에 둥지를 지은 것인데 그게 우연히 이 나무일까? 아무렇게나 입구의 방향을 정했는데 그게 저 방향일까? 아니야. 그럴 리가 없어. 둥지는 생명 탄생의 출발인데 아무렇게나 지을까? 게다가 자연에는 아무렇게나라는 단어 자체가 없잖아. 꼭 저 나무가 아니면 안 되었던 이유가 있는 걸까? 꼭 저 방향이어야 하는 이유가 있는 것은 아닐까? 이것저것 생각해서 결정할 만큼 저 친구들이 과연 똑똑할까? 아니면, 모든 것이 본능일까?'

궁금증을 해결할 길은 오직 하나뿐이었어요. 숲이란 숲, 산이란 산은 다 더듬고 다니며 딱따구리의 둥지를 찾으러 다녀야 했지요. 둥지를 품은 나무를 만나면 나무의 종류, 줄기와 가지가 뻗은 모양, 둥지의 높이, 둥지 입구의 방향을 꼼꼼히 살펴야 했지요. 몇 년을 나무에 뚫린 딱따구리 둥지만 찾으며 다녔더니 자료가 제법 쌓이면서

딱따구리의 둥지 습성에 대하여 많은 것을 알게 되었어요. 역시 자연에는 '아무렇게나'라는 단어가 없었습니다. 딱따구리가 둥지 나무와 입구의 방향을 정하는 데에는 분명한 기준과 우선순위가 있다는 것을 알게 됩니다. 이제는 처음 들어서는 숲에서조차 저 나무에 저 방향으로 딱따구리 둥지가 있겠다 예측할 수 있고, 제법 맞는 편입니다.

동고비를 관찰할 때 또한 궁금증은 줄을 이었어요. 이것이 관찰의 힘이지요. 관찰은 궁금함을 낳고 궁금함은 또 다른 관찰을 낳는 것 말이에요. 조금씩 알아 가기 위해 필요한 자동 순환 체계라고나 할까요?

동고비는 참새 크기의 작은 새로, 앞에서 본 것처럼 딱따구리 둥지 입구에 진흙을 발라 좁힌 뒤 번식을 치르는 무척 당차고 재미있는 새예요. 동고비와 비슷한 크기의 딱따구리가 있어요. 우리나라에 사는 딱따구리 중에서 가장 작은 쇠딱따구리입니다. 그런데 동고비가 쇠딱따구리의 둥지에는 전혀 관심을 두지 않아요. 쇠딱따구리는 서너 마리의 어린 새를 키우는 반면, 동고비는 열 마리 내외의 많은 어린 새를 키워 내요. 쇠딱따구리 둥지는 너무 좁은 것이지요. 하여 동고비가 노리는 딱따구리의 둥지는 오색딱따구리, 큰오색딱따구리, 청딱따구리, 까막딱따구리의 둥지인데, 이 둥지의 주인들은 동고비보다 몸집이 무척 커요. 몸집이 크니 드나드는 입구 또한 넓을 수

진흙을 나르는 동고비

밖에 없고요. 널찍한 내부 공간을 포함하여 다른 조건은 마음에 쏙 드는데 다만 입구만 넓다면 길은 하나잖아요. 좁히는 것이지요. 그렇게 마침내 길을 찾아낸 당찬 새가 바로 동고비입니다.

　동고비는 딱따구리가 쓰지 않는 둥지를 만나면 바로 진흙을 물고 와 입구를 좁혀요. 그것이 다인 줄 알았어요. 도감에 그렇게 기록되어 있으니 말입니다. 나는 그저 동고비가 콩알 크기의 진흙을 하루

나뭇조각을 둥지로 나르는 동고비

에 몇 번이나 나르며, 그 일을 며칠을 해야 둥지가 완성되는지 놓치지 않고 관찰하면 될 줄 알았어요.

그런데 관찰 처음부터 뭔가 답답했어요. 진흙을 나르는 사이사이 나뭇조각도 물고 와 둥지 안으로 들어가는 일이 벌어진 것이었어요. '이건 또 뭐지? 나뭇조각의 쓰임새는 도대체 뭘까?' 딱따구리 둥지는 밖에서 보면 나무에 뚫린 입구만 보이고 내부는 보이지 않아요.

속사정을 알 길이 없다는 뜻이지요.

답답함은 알고 싶은 마음을 부추겨 도전 정신을 끌어내기도 합니다. 더 관심을 가지고 지켜보니 아무 나뭇조각을 가져오는 것이 아니었어요. 뭔가 계획이 있어 보였습니다. 큰 나뭇조각을 그대로 가져올 때도 있고, 더 작은 크기로 쪼개서 가져올 때도 있었어요. 마치 그때그때 꼭 필요한 크기가 있는 것처럼 말입니다.

딱따구리는 암수가 교대로 둥지를 짓지만 동고비의 경우 둥지는 암컷만 지어요. 물론 지켜보고 안 것이지요. 동고비 암컷이 둥지를 지을 때 수컷은 망을 보는 일을 담당해요. 원래 주인인 딱따구리가 나타나 진흙으로 좁힌 입구를 무너뜨리려 하면 동고비 수컷이 쏜살같이 나타나 물리쳐 주는 것이지요. 몸집이 많이 작지만 매복하고 있다가 기습하면 딱따구리도 당해 내지 못하거든요. 그런데 수컷이 가끔 둥지를 짓는 암컷에게 나뭇조각을 전해 줄 때가 있어요. 그러나 암컷은 수컷의 마음만 받고 나뭇조각은 그냥 버려요. 둥지 안으로 들어가지 않아 둥지 내부의 사정을 모르는 수컷이 가져온 나뭇조각을 한사코 사양한다면 그 또한 이유가 있기 마련이지요. 암컷만의 특별한 계획이 있는 것은 아닌가 하는 생각이 들었습니다.

그렇게 시간이 흐른 어느 날이었어요. 동고비가 더 이상 나뭇조각을 나르지 않습니다. 그리고 이어서 얇은 나무껍질을 나르기 시작합니다. 나무껍질을 나를 때 흥미로운 점이 있었어요. 수컷이 가져다

얇은 나무껍질을 가져온 동고비

주는 나무껍질을 암컷이 받는 거예요. 며칠이 지나자 나무껍질을 나르는 일도 멈춥니다. 더 이상 나무껍질을 나르지 않는 시간에 이르자 둥지 입구도 완전히 좁혀지고요. 동고비 둥지는 그렇게 완성되었습니다. 얇은 나무껍질은 알을 낳기 위한 둥지 바닥의 재료일 수밖에 없어요.

그렇다면 '나뭇조각은 둥지 바닥의 높이를 조절하기 위한 것이 아닐까? 입구만 넓은 것이 아니라 깊이 또한 동고비에게 너무 깊은 것 아닌가? 나뭇조각을 차곡차곡 쌓기 위해 그때그때 알맞은 모양과 크기의 나뭇조각이 필요하지 않았을까?' 하는 생각이 들었고요.

다음 해에 동고비의 번식 일정을 또다시 보아야 했어요. 나의 생각은 어디까지나 추정일 뿐이기에 확인이 필요했기 때문이었죠. 지난해에 비하여 나뭇조각을 아주 조금만 나릅니다. 얇은 나무껍질은 지난해와 비슷한 양으로 날랐고요. 다음 해에 또 보았습니다. 이번에는 아예 나뭇조각을 하나도 나르지 않고 바로 얇은 나무껍질을 나릅니다. 나무껍질은 예년과 비슷한 정도로 날랐고요.

딱따구리 둥지는 둥지마다 깊이가 다릅니다. 아주 깊은 것도 있고, 적당히 깊은 것도 있으며, 나무속을 파 내려가다 중간에 멈춘 둥지도 있어요. 그러니 나뭇조각의 용도는 바닥의 높이를 조절하기 위함이며, 딱따구리의 둥지 깊이에 따라 동고비가 나르는 나뭇조각의 크기와 양에는 차이가 있다는 확신이 들었어요. 그러다 그해 여름 어느 날, 태풍이 지나며 번식을 마친 동고비 둥지 나무가 쓰러지는 일이 있었습니다. 이미 쓰러진 나무라 둥지를 잘라 보았더니 나뭇조각이 축대를 쌓듯 차곡차곡 빼곡히 들어차 있었어요. 둥지를 짓는 일에는 분명 계획이 있었던 것이지요. 이처럼 어떤 소중한 발견은 끝없이 '왜?'라는 질문을 던지는 과정을 통해 만나게 됩니다.

이런, 너무 내 이야기만 했나 봅니다. '왜?'라는 질문을 통해 과학사에 그 이름이 빛나는 법칙을 찾아낸 한 분을 소개할게요. 그레고어 멘델(1822~1884), 아시지요? 멘델은 어떻게 유전법칙을 찾아냈을까요? 1854년, 멘델은 완두를 대상으로 유전을 연구하기 시작합니다. 그리고 유전의 기본 법칙을 알아내는 데 꼬박 9년이 걸리지요. 9년, 그리 긴 시간이 아닐 수 있어요. 하지만 그 깊이가 중요합니다.

멘델 이전에는 부모의 형질이 자손에서 혼합된다고 생각했어요. 검은색과 흰색을 섞으면 회색이 된다는 생각이었죠. 멘델은 수도원의 사제로서 오랜 시간 텃밭을 가꿨어요. 텃밭에서 주로 완두를 키웠으니 완두를 많이 볼 수밖에 없었지만 멘델은 완두를 생각 없이 그냥 본 사람이 아니었습니다. 멘델은 완두에 키가 큰 것과 작은 것이 있다는 것을 알게 되지요. 한 해, 두 해, 시간이 흐릅니다. 멘델은 여전히 지켜보고요.

그러다 멘델은 '왜?'라는 질문을 하게 됩니다. 부모의 형질이 자손에서 섞인다면 중간 크기의 완두가 분명 있어야 하는데 통 보이지 않았기 때문이지요. 뿐만 아닙니다. 꽃이 줄기 옆에 달리는 것과 줄기 끝에 달리는 것, 콩깍지의 색이 녹색인 것과 노란색인 것, 콩깍지가 매끈한 것과 잘록한 것, 완두콩을 감싼 얇은 껍질이 유색인 것과 무색인 것, 완두콩이 둥근 것과 주름진 것, 떡잎이 노란색인 것과 녹색인 것이 있는데 시간이 흘러도 그 각각에 대해서 중간 형태의 완두가 나타나지 않는다는 것을 알아차립니다. 물론 보통 사람이라면 무심코 지나쳤을 테지요. 하지만 멘델은 섬세한 관찰을 통해 대립형질을 찾아낸 것입니다. 또한 유전형질이 자손에서 섞이는 것이 아닐 수도 있다는 생각을 하기 시작하며, 그 생각은 '왜 이런 일이 벌어질까?'로 이어집니다.

완두밭 어느 이랑 앞에 서 있는 멘델의 모습을 그려 봅니다. 땅을 일궈 완두콩을 심고, 떡잎 두 장이 땅 위로 솟아오르면 그 색을 살핍니다. 완두의 키가 날마다 얼마나 크는지를 살피고, 꽃이 피면 그 꽃이 줄기 옆에서 나오는지 줄기 끝에서 나오는지를 살피고, 꽃이 진 자리에 꼬투리가 달리면 그 색깔과 생김새를 살피지요. 꼬투리 안에서 콩이 익으면 그 콩을 둘러싼 얇은 껍질이 어떤 색인지를 살피고, 콩의 모양도 살핍니다.

우리가 지금 멘델의 법칙이라 부르는 유전 현상을 알아내기 위해 멘델이 했던 마지막 과정은 결국 지켜보며 직접 세는 일이었습니다.

둥근 콩은 5,474개, 주름진 콩은 1,850개, 그 비는 2.96:1. 노란색 떡잎은 6,022개, 초록색 떡잎은 2,001개, 그 비는 3.01:1······. 이런 과정을 얼마나 반복했을까요? 멘델이 유전법칙을 발견하기 위해 텃밭에서 키우고 관찰한 완두는 모두 2만 8천 포기였다고 해요. 멘델이 생각하며 지켜본 생명의 숫자입니다.

결국, 사랑에 빠지다

벌써 적잖은 시간이 흘러 버린 이야기네요. 틈틈이 숲을 드나들며 버섯을 만나기 시작하면서 슬슬 그 매력에 빠져들게 되었습니다. 그러다 여름방학이 시작되고 바로, 버섯의 세계에 제대로 들어서기로 마음을 정하고 산으로 들어간 첫날이었습니다. 아직 어두움이 다 걷히기 전부터 나는 이미 산 입구에 도착해 있었지요. 동이 트고 조금씩 사물을 구별할 수 있게 되면서 걸음을 옮겼고요. 물론 하루 종일 산에 머물다 어두워져서야 내려올 계획이었지요.

하지만 한 시간을 제대로 견디지 못하고 도망치듯 산을 내려오고 말았어요. 길이 없는 산이라 길을 만들어 다녀야 했고 그러다 보니 청미래덩굴, 청가시덩굴, 산초나무, 초피나무의 가시에 긁히는 것이야 각오한 것이지만, 가시는 상대도 되지 않는 엄청난 녀석이 버티고 있었기 때문이었죠.

버섯학자들의 경고도 있어 어느 정도 몸과 마음의 준비는 하고 있었으나 낮에도 활동하는 흰줄숲모기의 공격은 상상을 뛰어넘는 것이었어요. 노출된 얼굴은 잠시 만에 울퉁불퉁한 비포장도로가 되었고, 장갑의 올 사이도 비집고 들어와 찔러 대는 데에는 더 이상 버틸 수가 없었어요. 하긴 뜨끈뜨끈한 살덩어리가 나 여기 있노라고 이산화탄소를 팍팍 뿜어내며 느릿느릿 이동하다 멈추기까지 해 주니, 이보다 좋은 공격 대상은 없었을 것입니다. 이동을 하면 할수록 점점 더 모여드는 모기의 공격은 도저히 감당할 길이 없었습니다.

할 수 없이 다음 날부터는 눈만 나오게 겨울 털모자를 뒤집어쓰고 완전 겨울 복장으로 산에 올랐어요. 날이 점점 더워져 여름 한가운데를 지날 때는 땀으로 샤워를 하는 것은 말할 것도 없고, 이러다 죽겠다는 생각도 들었지만 멈출 수는 없었어요. 그런 생활을 7년 정도 이어 갔습니다. 물론 버섯이 좋아서 그리한 것이지만 관찰의 깊은 세계에서 이 정도는 아무것도 아닙니다.

누군가를, 아니면 무엇을 제대로 관찰하려면 적어도 관찰자는 그 대상의 일부로 녹아 들어가야 합니다. 그럴 수 있으려면 관찰의 대상에 대해 관심이 있어야 하겠지요. 관심도 없는 대상을 하루 종일, 1년 내내, 평생토록 지켜볼 수 없는 노릇이며, 억지로 지켜본다 한들 알 수 있는 것도 없습니다. 어두운 밤 밖으로 나와 고개 들어 밤하늘을 수놓는 별 한 번 보지 않고 잠만 쿨쿨 잔 사람이 별을 알 수 없는 것과 같아요. 별자리와 별의 움직임을 낱낱이 아는 사람은 밤하늘에 떠 있는 별을 날마다 본 사람이지요. 그것도 그냥 본 것이 아니라 관심 가득한 눈으로 오래도록 한순간도 놓치지 않으려 집중해서 본 사람들입니다.

하나 더 있어요. 관찰의 깊숙한 세계로 들어서려면 관심만으로는 부족할 때가 많아요. 관찰 대상에 대한 관심을 넘어 애정의 단계로 들어서서 관찰 대상을 진정 사랑하는 지경까지 이르는 것이 필요해요. 관찰의 세계에 들어서서 우뚝 서려면 더욱 그렇지요. 관찰 대상에 대한 사랑, 관찰 대상을 향한 애정이라는 표현이 부담스러운가요? 그렇다면 좋아하는 것 정도로 생각해도 괜찮아요. 충분해요. 누구를, 아니면 무엇을 좋아하는 것은 얼마든지 할 수 있잖아요.

그러면 이제 관심은 어떤 과정을 통해 애정으로 변할 수 있는지를 살펴봐야 하겠군요. 단순하지는 않겠어요. 복잡한 요소들이 한껏 뒤엉켜 있어 보이기도 해요. 하지만 우선 시간이 필요한 것은 분명해요. 한순간에 관심이 애정으로 변할 수는 없겠지요. 한순간에 끓어오른 애정은 그렇게 한순간에 식어 버리기도 쉽고요. 자신도 모르는 사이에 변해 있는 그런 자연스러운 변화가 중요하다고 생각해요. 세상의 모든 자연스러운 것에는 기본적으로 시간이 넉넉히 녹아들어 있기 마련이고요. 그러니 관찰의 시간을 조금씩 늘려 보세요. 그리고 결정적으로 관심과 애정의 경계에는 발견의 기쁨, 신기하고 신비로운 세계로 들어서는 기쁨이 있어요.

자, 주변을 차분히 둘러봅니다. 그중 관심이 흐르는 것이 있을 거예요. 없다면 찾아보아도 좋아요. 있거나 찾게 되면, 가까이 다가서서 들여다보세요. 그리고 그 시간을 조금씩 늘려가 보세요. 관심을 가지고 들여다보면 뭔가 알게 돼요. 알게 되니 더 관심이 갈 수밖에 없고, 그래서 더 알게 되는 식으로 좋은 의미의 순환이 이어질 거예요. 거기서 관찰 시간을 조금 더 늘려 보세요. 그러다 뭔가 알아 가는 기쁨이 생기기 시작하고, 신기하고 신비로운 세계에 들어선 듯 짜릿한 느낌이 들고, 관찰 대상의 내일의 모습이 궁금해지면서 당장 달려가 보고 싶은 마음이 샘솟는다면 이미 그 대상을 사랑하고 있는 것입니다.

관찰 대상에 대한 관심이 자연스럽게 애정으로 바뀌면 어떤 일이 벌어질까요? 관찰 과정에서 벌어지는 모든 어려움을 헤쳐 나갈 힘이 생겨요. 관찰 대상을 사랑한다 하여 관찰 과정에서 나타나는 어려움 자체가 없을 수는 없어요. 하지만 사랑이 있다면 그 힘으로 어려움을 견뎌 낼 수 있고, 그렇지 않다면 주저앉게 됩니다. 결국 애정이 있다면 자신의 모든 것을 대상에 다 던져 끝까지 관찰할 수 있는 것이고, 그래서 마침내 아무도 알아내지 못한 것까지 알 수 있게 됩니다.

앞서 버섯을 관찰할 때의 이야기를 했어요. 나무 그늘 아래 가만

히 앉아 부채질을 하고 있으면서도 더워 죽겠다는 말을 내뱉을 여름 날, 산에 오르는 것입니다. 그것도 한겨울 복장으로요. 미친 짓이지요. 그런데 왜 그런 미친 짓을 했을까요? 어떻게 할 수 있었을까요? 더위보다 새로운 것을 알아내는 기쁨이, 신기하고 신비로운 세계로 한 발씩 내딛는 기쁨이 더 짜릿하고 컸기 때문입니다.

티코 브라헤는 하늘에 떠 있는 해와 달과 별을 사랑한 사람이었으며, 파브르는 주위 사람들로부터 미친 사람 취급을 받았을 만큼 곤충을 사랑했던 사람이었으며, 레이우엔훅은 자신이 직접 만든 현미경을 통해 본 모든 것을 사랑했던 사람이며, 멘델은 완두의 떡잎부터 줄기, 잎, 꽃, 꼬투리, 열매 하나하나를 빠짐없이 사랑했던 사람이었으며, 석주명은 우리 땅의 나비를 죽는 순간까지 사랑했던 사람이었으며, 마거릿 로우먼은 인간이 오르기에는 너무나 높은 우듬지의 생명을 사랑하는 사람이며, 제인 구달은 침팬지를 자신처럼, 아니 자신 이상으로 사랑하는 사람이었기에 그 모질고 거친 관찰의 삶을 끝까지 이어 갈 수 있었다고 생각합니다.

내가 숲에서 몇 달을 오직 딱따구리 둥지를 품은 나무 하나만을 바라보며 살아가고 있는 이유 역시 우리 땅에 깃들인 딱따구리를 진정 사랑하기 때문이라고 고백할 수밖에 없습니다.

관찰의 시작

나부터 관찰을

사람은 저마다 다릅니다. 겉으로 보이는 생김새가 다르고 내면의 생
김새도 다르지요. 저마다 관심이 가는 것이 다르고, 저마다 좋아하
는 것도 다릅니다. 양서류를 무척 좋아하는 사람이 있는가 하면 진
저리를 칠 정도로 싫어하는 사람도 있어요. 파충류를 만지는 것은
물론 아예 목에 두르고 다니는 사람이 있는가 하면 멀리서 보기만
해도 기절하는 사람이 있지요. 다른 것도 마찬가지입니다. 그러니
여러분도 과학사에 그 이름이 빛나는 관찰자들처럼 하늘을 보고, 곤
충을 보고, 동식물을 두루 보고, 완두를 보고, 나비를 보고, 침팬지를
보라고 할 수는 없습니다.

중요한 것은 그분들이 보여 준 관찰의 자세만큼은 닮을 필요가 있
다는 점이에요. 자연과학자가 되지 않을 것이니 필요 없다고요? 그
렇지 않습니다. 관찰은 자연과학자에게만 필요한 것이 아니기 때문
이에요. 관찰을 통해 얻는 그 무엇, 곧 관찰의 힘이 어찌 자연과학의
세계에서만 쓸모가 있겠습니까.

굳이 '관찰'이라는 표현을 하지 않더라도, 지금까지의 일상생활에

서 그저 스쳐 지나던 많은 것들을 조금의 관심과 애정만 보태 자세히 들여다보면 여러분의 삶은 완전히 다른 모습이 될 수 있습니다. 날마다 마주하는 부모님, 선생님, 친구가 달리 보이고 나아가 세상이 달리 보일 것이며, 결국 여러분의 삶은 전보다 한결 풍요롭고 행복할 수 있어요. '관찰의 힘'에 대해서는 나중에 다시 이야기하겠습니다.

부족함이 많지만 나 역시 자연과학 관찰자의 삶을 살고 있으며, 나의 관찰 이야기를 듣고 싶어 하는 사람이 있다면 아무리 먼 길이라도 달려가 전하고 다닌 지 오래입니다. 나의 이야기는 긴 시간 자연에 머물며 그 안에서 생명들이 살아가는 모습을 관찰한 내용으로 꾸려져요. 이야기의 주인공은 들꽃, 나무, 버섯, 곤충, 어류, 양서류, 파충류, 조류, 포유류 등으로 다양하고요. 그러나 어떤 생명 하나를 집중적으로 소개해야 할 때는 우리 땅에서 살아가는 딱따구리에 대해서만 이야기해요. 최근 10년 동안 오직 딱따구리 하나만 보며 그들의 삶 속으로 온전히 들어가 있기 때문이지요.

강연이 끝나고 가장 많이 받는 질문은 "저는 무엇을 관찰하면 좋을까요?"입니다. 강연 대상이 초등학생, 중학생, 고등학생일 때는 더욱 그러하지요. 관찰의 대상이 될 수 있는 것은 '모두 다'입니다. 생명체가 관찰의 주요 대상인 것은 사실이지만 그렇다고 생명체만이 관찰의 대상이 되는 것은 결코 아니에요. 생명이 없는 것도 얼마든지 관찰의 대상이 될 수 있어요. 우리가 볼 수 있는 모든 것이, 보이지 않는 그 무엇이라도 모두 관찰의 대상이 될 수 있다는 뜻이지요. 학생들의 질문에 대하여, 조금 성의 없어 보이지만 내 대답은 언제나 같아요. "관찰하고 싶은 것을 관찰하세요."

조금 더 설명해 보겠습니다. 관찰은 '그냥 보는 것이 아니라 자세히 보는 것이며, 보는 것으로 그치지 않고 무언가를 아는 데까지 이르도록 제대로 살펴서 보는 것'입니다. 그러니 관찰은 자세히 보는 것부터 시작하지요. 그런데 자세히 보고 싶은 마음이 조금도 없는 것을 자세히 볼 수는 없는 노릇입니다. 누가 강제로 시켜서 억지로 본다고 한들 그 지겨운 시간을 얼마나 지속할 수 있겠어요? 집중력? 기대할 수 없지요. 우선 대상에 관심이 있어야 관찰할 수 있어요. 마침내 관심을 넘어 평생토록 지치지 않고 온 마음을 다하여 사랑할 수 있어야 완전한 관찰을 이룰 수 있는 것입니다.

그러니 '무엇을 관찰할 것인가'의 문제는 '무엇에 관심이 있느냐'의 문제로, 결국 '무엇을 제대로 사랑할 수 있느냐'의 문제로 바뀌게 됩니다. 따라서 관찰의 대상을 제대로 찾으려면 그 무엇보다 우선하여 자기 자신을 제대로 아는 것이 필요해요. 스스로를 들여다보며 끝없이 이야기하면서 자신에 대하여 자세히 알기 바랍니다. 그래서 자신이 진정 좋아하는 것을, 자신이 진정 잘할 수 있는 것을, 결국 자신의 가슴에서는 무엇이 빛나고 있는지를 제대로 알기 바랍니다. 무엇을 관찰해야 할지는 그다음 순서일 것입니다.

그렇다면 자신의 가슴에서 무엇이 빛나고 있는지를 찾은 사람이 얼마나 될까요? 자료가 있는 것은 아니지만 그리 많아 보이지는 않아요. 대부분의 사람이 자신의 가슴에서 무엇이 빛나고 있는지를 찾지 못하고, 어쩌면 찾으려는 시도조차 하지 않고 죽음에 이르지 않나 싶어요. 나는 마흔 후반에 이르러 내 가슴에서 빛나고 있던 것을 찾았어요. 사실 내 가슴에서 빛나는 것이 나무에 뚫려 있는 딱따구리 둥지 하나만을 바라보는 것일 줄은 꿈에서조차 생각지 않았던 일이었지요. 그것도 해가 뜨기 전부터 해가 지고도 한참이 더 지나 아무것도 보이지 않을 때까지 움막 안에서 꼼짝도 하지 않고 몇 달을 지내야 하는 일입니다. 게다가 나는 딱따구리는 알지도 못했던 실험 과학자였습니다.

　사람들은 묻습니다. 어떻게 혼자 숲에서 움막 하나 짓고 그 안에 들어가 딱따구리 둥지만 보고 살 수가 있나요? 심심하지 않나요? 외롭지 않나요? 무섭지 않나요? 하루 이틀도 아니고 서너 달을 어찌 그렇게 살 수가 있나요? 난 심심하지 않습니다. 심심할 틈 없습니다. 나의 기다림은 곧 딱따구리와의 만남이 되니 아무리 긴 기다림도 행복하기 때문이지요. 외롭지 않습니다. 외로울 틈 없습니다. 숲에 있는 모든 것이 내 친구이기 때문이지요. 무서운 것 없습니다. 무서울 틈 없습니다. 들리는 소리도 모두 자연의 소리이고, 어두움도 자연의 일부니까요.

오랜 시간을 어찌 그렇게 살 수 있냐고요? 몇 달도 하루가 쌓인 것이에요. 하루하루가 행복하면 몇 달이든 몇 년이든 무엇이 문제가 되겠습니까. 그것이 나인 것을 나는 마흔 후반에 찾았습니다. 물론 20년 가까이 열심히 찾은 뒤였습니다. 여러분은 몇 살이지요? 기회의 시간은 충분합니다.

관찰의 자세는 삶의 자세와 맞닿아 있다

"무엇을 관찰하면 좋을까요?" 다음으로 많이 만나는 질문은 "어떻게 관찰하면 되나요?"입니다. 구체적으로 관찰 대상까지 정하여 물을 때면, 구체적인 방법을 제시해 주려 애씁니다. 들꽃이라면 이렇게 하고, 나무라면 이렇게 하고, 곤충이라면 이렇게 하고, 어류라면 이렇게 하고, 양서류나 파충류라면 이렇게 하고, 조류라면 이렇게 하고, 포유류라면 이렇게 하는 것이 좋겠다는 식이지요. 물론 나도 가장 좋은 관찰 방법을 알지 못하는 경우가 있어서 그럴 때면 휴대전화 번호나 이메일 주소를 받아 둔 뒤 공부해서 알려 주기도 해요. 여기서 '이렇게 하고'를 반복하며 구체적인 방법을 소개하지 않는 것은 지금은 그럴 필요가 없기 때문입니다.

그런데 이처럼 구체적인 질문을 하는 것은 아주 드물고 특별한 경우랍니다. 관찰 대상도 정하지 않은 상태에서 어떻게 관찰하면 되느냐고 물을 때가 대부분이거든요. 무척 난감하지요.

하지만 어떻게 관찰할 것인가의 문제를 구체적인 '방법' 측면이 아니라 '자세' 쪽으로 초점을 맞춘다면 상황은 다릅니다. 관찰의 자세는 삶에 필요한 자세와도 고스란히 맞닿아 있기 때문이지요.

방법도 포함하지만 관찰의 자세에 무게를 더 둘 때, "어떻게 관찰하면 되나요?"에 대한 나의 대답은 "자세히 관찰하면 됩니다." 또는 "처음부터 끝까지 관찰하면 됩니다."입니다. "이게 뭐지?" 할 수 있지만 '자세히'라는 말과 '처음부터 끝까지'라는 말을 그냥 지나치지 말아야 합니다. 앞에서 '관찰의 속살'을 이야기할 때 살펴봤지만 자세의 측면에서 다시 한 번 이야기해 볼게요.

'자세히'라는 말부터 생각해 봅시다. 멀리 뚝 떨어져 무엇을 자세히 볼 수는 없습니다. 무엇을 '자세히' 보려면 우선 가까이 다가서야 하지요. 그러니 관찰은 '다가섬'이라고 표현할 수도 있습니다. 때로 가까이 다가서는 것을 넘어 그 안으로 녹아 들어가야 할 때도 많습니다. 파브르는 코가 닿을 정도로 곤충에 가까이 다가섰던 사람이었으며, 멘델은 완두의 떡잎부터 줄기, 잎, 꽃, 꼬투리, 열매 하나하나에 가까이 다가섰던 사람이었으며, 석주명은 우리 땅의 나비에 가까이 다가섰던 사람이었으며, 제인 구달은 탄자니아의 곰비 자연보호구역뿐만 아니라 전 세계 동물원과 실험실에 있는 침팬지에 가까이 다가섰던 사람이었지요.

게다가 '다가섬'에 보태야 할 것도 있어요. '눈높이를 맞추는 것'이지요. 무엇을 내려다보면 자세히 보이지 않아요. 윗부분만 보이고 아랫부분은 보이지 않습니다. 무엇을 올려다보아도 자세히 보이지 않아요. 아랫부분만 보여요. 윗부분은 보이지 않습니다. 내가 높으면 허리 굽히고, 무릎 접고, 그마저 부족할 때는 엎드려 눈높이를 맞출 때 자세히 볼 수 있어요. 내가 낮으면 어떻게든 그 높이로 올라가야 합니다. 몸이 그럴 수 없다면 마음이라도 그곳에 있어야 하고요.

또한 무엇을 '자세히' 보려면 무엇 하나만 보는 것이 필요합니다. 우리의 눈에는 모든 것이 다 보이는데 그중 하나만 본다는 것은 보려고 하는 하나를 제외한 다른 것에는 눈길을 주지 않는다는 뜻입니다. 그러니 자세히 관찰하려면 역시 대상에 대한 관심과 애정이 필요하게 됩니다. 관심이 없는 것에, 애정을 느낄 수 없는 것에 다가설 수는 없어요. 관심이 없는데, 그래서 조금의 애정도 느낄 수 없는데, 그것만 보고 있으라면 누가 견딜 수 있겠어요. 이처럼 '무엇을 관찰할 것이냐'의 문제와 '어떻게 관찰할 것이냐'의 문제는 결국 대상에 대해 관심과 애정이 필요하다는 부분에서 만나게 됩니다.

이제 '처음부터 끝까지'라는 말에 대해 생각해 볼게요. '처음부터 끝까지', 정말 무서운 표현입니다. '처음부터 끝까지'가 때로는 짧은 시간일 수 있지만 때로는 무척 길 수 있기 때문입니다. 특히 자연과학의 영역에서는 관찰의 처음에서 관찰의 끝에 이르는 시간이 대체

깊은 계곡에서 3년을 기다려 만난 팔색조의 목욕 모습

로 길며, 심지어 그 끝이 없을 때도 많아요. 게다가 그 길고도 긴 시간 동안 엄청난 집중력까지 유지해야 하고요. 우리 삶의 순간순간도 다르지 않지만 자연의 모든 것은 한번 지나가면 그것으로 끝입니다. 다시 보여 주지 않아요. 다시 돌아오지도 않지요. 매 순간이 마지막인 셈이지요. 그러니 관찰이란 다시 돌아오지 않는 순간순간을 그때그때 놓치지 않고 지켜봐야 하는 고된 일정일 때가 많아요.

하지만 넘어설 길 하나가 있어요. 자신이 정말 사랑하는 것은 무엇인지를 찾아 그것을 관찰하는 길이지요. 결국 '무엇을 관찰할 것인가'의 문제와 '어떻게 관찰할 것인가'의 문제는 지극히 개인적일 수밖에 없어요. 그러니 이 두 문제에 대한 답을 찾으려면 우선 자기 자신을 제대로 알기 바랍니다. 자기 자신부터 제대로 관찰하기 바랍니다. 마음으로 권합니다.

연필로 노트에 남기다

인간은 뇌에 저장된 기억에 기대어 살아가지요. 삶 전반이 기억에 지배된다고 볼 수 있어요. 따라서 철저히 믿어야 할 것이 기억이지

만 또한 가장 믿을 수 없는 것이 기억이기도 해요. 기억의 용량이 지극히 한정되어 있으며, 그 지속력이 엄청 짧기 때문이지요. 돌아서며 바로 잊어버릴 때도 흔합니다. 이 순간 필요한 것이 무엇일까요?

자연에 들어가 그 안에 깃들인 생명들을 만나며 자세히 그리고 오래도록 관찰하는 생활을 시작한 지 20년이 훌쩍 넘었어요. 그사이에 절대로 잊을 수 없을 것 같은 순간도 꽤 많이 만났던 것 같고요. 그런데 그런 모습들마저 나의 기억 속에 얼마나 머물고 있을까요? 남은 것이 거의 없는 듯해요. 하지만 지워진 기억을 그대로 재생시킬 길이 있어요. 순간순간의 관찰 내용을 빠짐없이 담고 있는 글과 그림과 사진, 곧 기록이 남아 있기 때문이지요. 기록은 사라진 기억을

되살리며, 쉼 없이 흐르는 시간을 영원히 멈출 수 있게 하는 아주 특별한 재주가 있답니다.

인류 역사에 큰 업적을 남긴 사람 중에서 관찰과 기록의 습관을 지니지 않았던 사람은 없어요. 또한 수많은 사람이 훌륭한 관찰을 해 놓고도 기록을 남기지 않아서 자신의 가슴에만 묻어 두었다 잊히기도 했을 것이고요. 얼마나 많을지 가늠할 길은 없지만요. '발명의 왕' 에디슨은 "알게 된 모든 것을 기록하라."는 말을 남겼으며, 실제로 머리를 스쳐 가는 모든 아이디어를 기록했어요.

레오나르도 다빈치의 삶도 이러한 면에서 다르지 않습니다. 다빈치는「모나리자」,「최후의 만찬」을 비롯한 불후의 명작을 남겼고, 15세기 르네상스 미술을 완성했다는 평가를 받고 있으며, '지구상에 생존했던 가장 경이로운 만능 천재'라는 칭송을 듣지요. 다빈치를 '만능 천재'라고 부르는 것은 그가 미술 분야에만 천재성을 발휘했던 것이 아니라 건축, 토목, 수학, 물리, 생물, 천문, 식물, 지리, 기계, 토목, 음악, 심지어 인체해부학에 이르기까지 다양한 방면에 걸쳐 천재적 재능을 보였기 때문이에요.

중요한 것은 그러한 '지구상에 생존했던 가장 경이로운 만능 천재' 역시 보고, 듣고, 생각한 것을 글과 그림으로 기록했다는 점이에요. 그의 노트를 보면 500여 년 전에 어떻게 그런 생각을 할 수 있었을까 싶은 구상들이 그림과 글로 빼곡해요. 자전거, 자동차, 헬리콥터, 비행기, 낙하산, 전차, 잠수함, 증기기관, 습도계, 활 쏘는 기계, 선박, 인체해부도…….

앞서 소개한 티코 브라헤, 레이우엔훅, 파브르, 멘델, 석주명, 제인 구달, 마거릿 로우먼과 같은 자연과학자는 말할 것도 없지요. 그들이 항상 지니고 다녔던 것은 관찰 노트였습니다. 기록은 기억의 지속 시간을 종이와 연필심의 수명이 다할 때까지로 연장시켜 주기 때문이지요.

자연과학자가 관찰 내용을 기록하는 방식은 종이에 연필로 직접 쓰는 것이었어요. 동물이나 식물, 화석을 연구하는 대부분의 사람들은 지금도 종이와 연필(펜)을 사용하여 관찰 노트를 작성하지요. 물론 세상은 변했어요. 다양한 기술의 발전으로 현재는 노트북, 디지털 카메라, 스마트폰, 지구 위치 파악 시스템(GPS)을 비롯한 다양한 도구를 통해 기록할 수 있는 길이 열려 있지요.

그럼에도 대부분의 현장 연구자들은 여전히 종이와 연필을 이용해 직접 쓰기를 권해요. 종이에 연필로 직접 쓴 기록은 전자기기에 저장된 데이터처럼 한순간에 날아갈 일이 없거든요. 그리고 많은 현장 연구자들은 그림 솜씨와 무관하게 관찰 노트에 그림을 그려 넣으라고 권하지요. 그림은 글의 한계를 극복할 수 있다는 장점이 있어요. 또한 그림은 사진에 비하여 관찰 대상과 동행하는 시간을 길게 해 주지요. 사진은 셔터 한 번 누르는 것으로 피사체가 기록되지만,

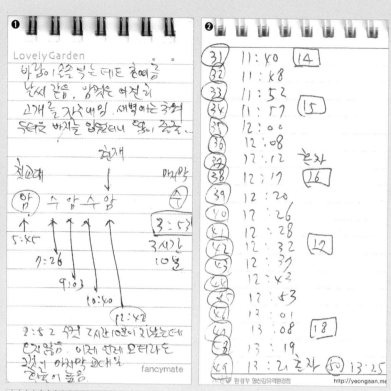

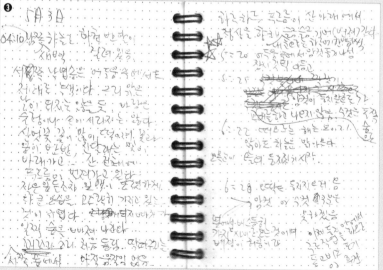

❶ 알을 품을 때 큰오색딱따구리의 교대 방식을 기록한 것

❷ 오목눈이가 어린 새를 위해 먹이를 나르는 시간: 동그라미 속 숫자는 먹이를 나른 횟수와 시간, 네모 속 숫자는 배설물 처리 횟수와 시간, '혼자'는 암수가 같이 둥지에 오지 않고 혼자 왔을 때를 표시한 것

❸ 까막딱따구리를 관찰할 때 하루가 열리는 모습과 까막딱따구리의 일상을 기록한 것

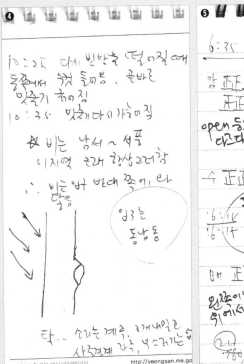

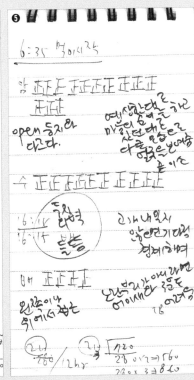

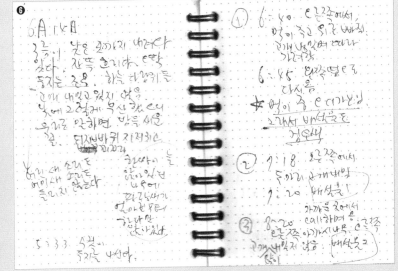

❹ 딱따구리 둥지 입구의 방향과 비가 뿌리는 방향을 표시한 그림

❺ 동고비가 어린 새를 위해 먹이를 나르는 횟수를 바를 정(正) 자로 나타내고, 특이 사항만 기록

❻ 날씨, 주변 상황, 시간에 따른 새의 행동을 적은 일상적인 관찰 기록

그림은 훨씬 더 긴 시간을 요구해요. 대상을 훨씬 더 오랜 시간 지켜보아야 하니 결국 대상에 대한 관찰의 깊이가 더욱 깊을 수밖에 없고요. 그림이 현장 과학자의 관찰 노트에서 빠질 수 없는 요소가 되는 이유입니다.

이처럼 밖에서 무언가를 쉬지 않고 관찰하는 동물행동학자, 조류학자, 생태학자, 고생물학자, 식물학자, 곤충학자, 인류학자 등 다양한 분야의 현장 과학자들은 모든 것을 그때그때 적고 또 적어요. 현장 과학자의 관찰 노트는 한 사람의 진실한 숨결이 될 수밖에 없어요. 기록 당시에는 누구에게 보여 주기 위해서 누구를 의식하며 쓰는 것이 아니기 때문이에요. 또한 무엇을 알기 위해 지나야 하는 모든 과정이 처음부터 끝까지 고스란히 드러나 있는 것이 관찰 노트이기도 해요. 게다가 그들이 밖에서 하루만 보내는 것이 아니지요. 몇 달로 이어지고, 몇 년을 지나고, 평생토록 관찰하며 살아갑니다. 그래서 관찰 노트는 현장 연구자의 온전한 삶의 모습이 담겨 있다고 할 수 있지요.

자연과학자의 기록은 관찰한 사실만 객관적으로 적는 것이 기본이에요. 하지만 때로 관찰 과정에서 느낀 감정 하나하나까지 섬세하게 기록할 필요가 있어요. 관찰 대상이 자연이라면 관찰자는 기본적으로 자연에 대한 깊은 애정을 품은 사람일 테니, 그 따뜻한 마음이 담겨 있어도 좋아요. 관찰 대상을 찾아 나설 때의 가슴 설렘, 관찰 대상을 만났을 때의 기쁨 등이 담겨 있어도 좋습니다. 이 또한 나중에 모두 잊히기 때문이지요. 엄밀하고 냉철하게 관찰한 과학적 사실을 기록하는 것과 더불어 감성도 기록해 두면 나중에 기억을 되살리고 또 무언가를 만드는 데 도움이 되기도 한답니다.

앞에서 말했듯이 나의 첫 책은 관찰 일기를 정리한 것이에요. 딱따구리가 둥지를 짓고, 알을 낳아 품고, 부화한 어린 새에게 먹이를 날라 키워 둥지를 떠나기까지의 50일을 기록한 것이지요. 어느 누구도 그 기록이 책으로 엮어질 것이라 생각하지 않았어요. 그도 그럴 것이 나오는 단어가 10개를 넘지 않아요. 둥지, 암컷, 수컷…… . 게다가 날마다 비슷비슷한 일들이 벌어지고요. 똑같은 모습으로 나무를 파내 둥지를 짓는 과정은 2주가 이어지고, 암수가 두 시간 간격으로 교대를 하며 알을 품다 밤이 되면 수컷 혼자 둥지를 지키는 것도 2주가 이어지며, 역시 암수가 교대로 먹이를 날라 어린 새를 키우는 과정은 4주 가까이 이어져요. 이러한 딱따구리의 움직임을 분 단위까지 놓치지 않고 기록했지요.

이처럼 지루하고 따분한 이야기를 누가 책으로 엮어 줄 것이며, 또한 누가 읽어 줄까요? 그럼에도 책이 나오고 더군다나 읽어 주는 사람이 있는 것은, 관찰한 모든 것뿐만 아니라 그때 내 마음의 모든 것도 함께 기록했기 때문일 것입니다. 날마다 하루가 어떤 모습으로 열리는지, 바람은 어디에서 어디로 불어 가는지, 둥지를 튼 나무의

잎은 날마다 어떻게 색을 달리하며 그 크기가 변하는지, 주변에서는 어떤 소리들이 들리는지, 햇살은 둥지에 시시각각 어떻게 와 닿으며 빗줄기는 또한 둥지의 어떤 방향으로 와 닿는지, 자연은 어떻게 날마다 옷을 갈아입는지를 빠짐없이 기록했을 뿐만 아니라 그 순간순간을 맞는 나의 느낌이 뒤섞이지 않았다면 그 기록이 책으로 묶여 세상과 만나는 일은 없었을 거예요.

요즈음 디지털카메라 하나쯤은 다들 가지고 있고, 스마트폰의 카메라 성능도 뛰어나요. 사람들은 여기저기서 이것저것 많이도 찍지요. 그런데 사진에서 그칠 때가 많아 보여요. 사진도 기록의 한 방법인 것은 틀림없습니다. 하지만 이제 노트와 연필을 함께 지니면 어떨까요? 노트와 연필에 상당하는 것이라도 상관없어요. 꼭 자신만의 관찰 노트를 마련하면 좋겠어요. 자신의 무언가를 온전히 그리고 영원히 남기고 싶다면 말입니다.

관찰한 것이 전부는 아니다

관찰, 특히 새를 관찰하는 것은 언제나 혼자서 하지만, 사정이 있어 몇 사람과 함께 큰소쩍새 번식 일정을 지켜본 적이 있어요. 올빼미과의 야행성 맹금류인 큰소쩍새는 오래된 나무가 썩어서 나무속에 생긴 빈 공간이나 딱따구리 둥지를 이용하여 어린 새를 키워요. 어느 곳이든 안으로 들어가 몸을 숨기고 있으면 밖에서는 둥지에 있는지 없는지조차 구분할 수 없고요.

하루는 빈 까막딱따구리 둥지로 보였던 곳에서 큰소쩍새 어미 새가 고개를 내미는 일이 벌어졌어요. 그것도 한낮에 말이에요. 둥지에 틀어박혀 잠을 자고 있어야 할 야행성의 새가 한낮에 고개를 내밀고 있으니 나를 포함하여 관찰자들의 의견이 분분했지요. 그런데 이틀 내내 고개를 내밀던 어미 새의 모습이 사흘째부터는 보이지 않았어요. 의견은 둘로 나뉘었죠. 야행성 본래의 모습대로 잠을 자고 있을 것이라는 의견과, 둥지를 이미 떠나서 없다는 의견이었어요.

그렇게 일주일이 흐른 뒤였어요. 이른 새벽, 큰소쩍새 어미 새가 둥지를 나서 둥지 앞 다른 나무에 내려앉는 것을 나 혼자 먼발치에서 관찰하게 되었지요. 분명히 둥지 앞 나무에 내려앉았는데 아무리 둘러보아도 어미 새는 보이지 않았어요. 그러다 마침내 찾아냅니다.

어미 새의 깃털이 꼭 나무껍질을 닮아 찾지 못한 것이었어요. 둥지를 나온 어미 새는 둥지가 잘 보이는 나무에 앉아 하루 종일 둥지를 지키고 있었다는 것을 알게 된 것이지요. 어미 새는 둥지 안에서 잠을 자는 것도 아니었고, 둥지를 벌써 떠난 것도 아니었어요. 어린 새들이 자라자 둥지의 공간이 좁아서 할 수 없이 고개를 내밀고 있다가 그마저 여의치 않자 아예 둥지 밖에서 둥지를 지키고 있었던 것이었어요.

다음엔 어린 새가 도대체 몇 마리나 둥지에 있을까 하는 것이 관심사였지요. 성급한 판단은 계속 이어져요. 사람들은 모두 둘이라고 생각했어요. 둥지 입구로 내내 두 마리가 고개를 내밀고 있으니 그럴 만해요. 그러나 최종적으로 둥지를 떠나는 모습을 지켜보니 어린 새는 모두 여섯이었어요. 항상 두 마리가 고개를 내밀고 있던 것은 분명했으나 계속 다른 두 마리였던 것이지요. 이후로 같은 둥지에서 4년을 더 지켜보았는데 매년 어린 새 여섯을 키우고 있었어요.

관찰 대상에 대한 관심과 애정의 바탕 위에 그 대상을 가까이에서 오래도록 집중해서 본 사람은 뭔가를 알게 된다고 했지요. 무엇을 제대로 알게 되는 것, 이것이 바로 관찰의 목적이지요. 하지만 이때 주의해야 할 것이 있어요. 관찰에 필요한 모든 조건을 다 갖추며 관찰을 했다 하더라도 진정 처음부터 끝까지를 모두 정확히 본 것인가 하는 문제입니다. 정확히 본 것이 아닐 수 있어요. 잘못 본 것일 수

둥지 밖으로 고개를 내밀고 있는 어린 큰소쩍새

있어요. 있는 그대로 본 것이 아니라 보고 싶은 대로 본 것일 수도 있지요. 관찰에는 얼마든지 오류가 따를 수 있다는 뜻이에요. 그리고 관찰 과정에 오류가 있었다면 결국 관찰을 통해 알게 된 것 또한 오류를 안고 있을 수밖에 없어요.

오류의 원인은 선입관부터 시작해서 다양하지만, 대부분 무엇이 부족해서 생깁니다. 판단력의 부족, 사고력의 부족, 집중력의 부족, 자료의 부족 등을 들 수 있어요. 실제로 관찰을 통해 무엇을 알아 가는 과정에서 적잖은 오류가 발생해요. 이쪽저쪽 그 어느 쪽으로도 치우치지 않는 냉철한 판단력, 논리에서 조금의 벗어남도 없는 사고력, 단 한 순간도 흐트러지지 않는 집중력, 빈틈없이 다 갖춘 자료, 이 모든 것을 동시에 유지하고 확보한다는 것이 결코 쉬운 일이 아니기 때문이지요. 관찰할 때 발생할 수 있는 오류는 다양해요. 하지만 여기서 관찰의 오류를 낱낱이 설명할 필요는 없겠어요. 다만 한 가지, 성급한 판단을 내리는 것만큼은 주의하라는 부탁을 꼭 하고 싶어요. 나 역시 성급한 판단의 유혹을 자주 받거든요. 실제로 성급한 판단을 할 때도 많고요.

지리산 자락을 더듬다 둥지를 막 짓기 시작한 큰오색딱따구리 한 쌍과 마주하게 되었어요. 미루나무에 둥지를 짓고 있다면 어떤 판단을 하기 쉬울까요? "큰오색딱따구리는 미루나무에 둥지를 지어."라고 하기 쉬워요. 심지어 "큰오색딱따구리는 미루나무에만 둥지를 지어."라고 할 수도 있고요. 그리고 둥지의 입구는 동쪽을 향하고 있었어요. 이 모습을 보고 "큰오색딱따구리는 동쪽으로 둥지를 지어."라고 말하거나 "큰오색딱따구리는 동쪽으로만 둥지를 지어."라고 단정지어 말하기도 해요. 내가 너무 심했나요? 하지만 내가 2007년에 실제로 겪은 일이고, 여러 사람이 이런 모습을 자주 보이는 것도 사실입니다. 우리는 꽤나 성급하거든요.

섣부르게 판단하지 않으려면 가능한 자료의 양을 늘려야 해요. 보고, 또 보고, 또 보는 것이지요. 보는 것의 끝이 어디냐고요? 그 끝은 없다는 생각이지만, 현실성이 떨어지므로 '최대한 많이' 정도로 표현할게요. 판단의 신뢰도는 축적된 자료의 양에 비례할 수밖에 없기 때문이지요.

선부른 판단을 하지 않기 위해 나는 딱따구리의 둥지를 계속 찾으러 다녔고, 그러다 둥지를 품은 나무를 만나면 나무의 종류, 줄기와 가지가 뻗은 모양, 둥지 입구의 방향을 꼼꼼히 살폈어요. 몇 년에 걸쳐 나무에 뚫린 딱따구리 둥지를 찾아다니며 딱따구리 둥지를 천 개쯤 꼼꼼히 살펴보고는 딱따구리가 둥지로 알맞은 나무와 입구의 방향을 정하는 데에는 분명한 기준과 우선순위가 있다는 것을 알게 되었어요.

그렇다고 내가 알게 된 그 기준과 우선순위가 완전하다고 생각하지는 않아요. 나에게 주어진 삶 전체를 딱따구리 둥지에서 벌어지는 일을 관찰하는 것에 전념하기로 마음을 정한 지 오래입니다. 앞으로도 그 마음이 변하지는 않을 것이고요. 그저 이 같은 시간이 더 흐르면 딱따구리가 둥지를 짓는 습성에 대한 지금의 기준과 우선순위가 조금 더 다듬어질 것이라고 기대할 뿐이에요.

그러고 보니 나는 마치 성급한 판단을 별로 안 한 것처럼 말하고 있네요. 그렇지 않습니다. 나의 첫 책인 『큰오색딱따구리의 육아일기』에 성급하게 판단한 대목이 있음을 고백합니다. 책이 나오고 2년이 지난 뒤 큰오색딱따구리의 번식 과정을 다시 관찰하면서 이 오류를 알게 됩니다. 전체 295쪽 중에서 몇 줄이라 하더라도 정말 뜨끔했고 독자들에게 미안했습니다. 신중하려 무척 애썼고 둥지 앞에서 내내 지켜보며 확실하다 싶은 것만 기록했음에도 성급히 판단한 내용이 두 곳 있었어요. 그중 하나를 소개합니다.

관찰 3일째입니다.

"16:55_ 수컷이 날아와 암컷과 교대를 합니다. 수컷은 둥지 아래 줄기에 바로 내려앉기 때문에 암컷은 수컷이 오는 것을 재빨리 알아차리고 둥지에서 나와 날아갑니다. 둥지 안에 있는 암컷이 수컷이 오는 것을 이처럼 빨리 알아차리는 것은 진동 말고도 수컷이 둥지에 접근하며 보내는 신호가 있기 때문입니다. 물론 나에게는 들리지 않을 먼 거리에서 신호를 하고 올 것이며, 꼭 필요한 경우가 아니라면 신호를 자주 하지는 않을 것입니다. 신호 소리 자체가 천적에게 자신과 둥지의 위치를 알리는 일이 될 수도 있기 때문입니다."

언뜻 보기에는 논리적으로 문제가 없어 보입니다. 하지만 이 관찰 기록에서 "물론 나에게는 들리지 않을 먼 거리에서 신호를 하고 올 것이며"가 잘못된 내용입니다. 게다가 추리를 하면서 추리의 정당성을 강요하는 '물론'까지 넣었어요.

이 기록은 마치 큰오색딱따구리만의 은밀한 소리
신호가 있는 것처럼 기술하고 있어요. 그리고 딱따구리와
인간의 청력에 큰 차이가 있는 것으로 비쳐지고요. 하지만
실제로 딱따구리가 교대를 하러 올 때는 먼 거리에서부터 둥지에
접근할 때까지 확실하게, 나의 귀에도 분명하고 또렷하게 들리도록
소리를 내며 옵니다.

당시 관찰할 때 둥지와 관찰 움막 사이에 폭포가 있어 물이 떨어지는 큰 소리에 저들의 소리가 묻혔던 것이에요. 번식 일정을 한 번만 더 보았다면 이처럼 성급한 판단을 하지는 않았을 것이라는 점이 뼈아프게 아쉽습니다.

또한 한참 뒤에 안 것이지만 인간과 딱따구리의 청력은 거의 비슷한 수준이에요. 이어서 "꼭 필요한 경우가 아니라면 신호를 자주 하지 않을 것입니다." 역시 잘못입니다. 이 부분은 "딱따구리는 교대를 할 때 언제나 소리를 내서 신호를 하며 둥지에 접근합니다."로 바로잡아야 합니다. 추리 과정에 잘못이 있으니 당연히 그 추리에 대한 분석 또한 문제가 발생하는 것이지요.

"신호 소리 자체가 천적에게 자신과 둥지의 위치를 알리는 일이 될 수도 있기 때문입니다." 또한 성급한 판단이었어요. 지금까지의 관찰에 의하면 딱따구리는 자신의 둥지가 천적에게 알려지는 것은 신경 쓰지 않아요. 이러한 행동은 딱따구리 둥지의 특성에서 비롯하는 것으로 보이고요. 딱따구리는 나무줄기에 몸이 빠듯이 들어갈 정도의 크기로 구멍을 뚫은 다음 안으로 들어가 나무속을 파내 둥지를 지어요. 제 몸집보다 조금이라도 큰 다른 생명체는 둥지 안으로 들어오는 것 자체가 불가능하지요. 게다가 천적이 둥지에 접근하더라도 튼튼한 나무 안에서 보호받으며 고개만 내밀어 방어하면 되니 천적을 물리치는 데 더없이 좋지요. 따라서 천적에게 둥지 위치가 알려지는 것에 대해서는 신경을 쓰지 않아요.

그런데 꼭 그렇게 다 지켜볼 필요가 있느냐고요? 두 경우 모두 둥지 내부에 카메라를 설치할 수도 있고, 심지어 둥지로 올라가 내부를 직접 들여다볼 수도 있지 않냐고요? 그러나 생명과학은 생명을 대상으로 하는 학문이기 때문에 생명을 대함에 있어 갖추어야 할 예의와 윤리가 있다고 생각해요. 관찰의 목적이 아무리 정당하다고 할지언정 대상을 함부로 대해서는 안 되니까요. 물론 장비가 관찰과 실험에 소요되는 시간을 크게 절약하는 경우가 많아 생명과학의 연구가 장비 싸움이 되는 것은 사실이에요. 그렇더라도 장비가 모든 것을 해결해 주지는 않아요. 장비를 사용하든 그렇지 않든, 직접 보았다 하더라도 본 것이 분명 전부가 아닐 수 있어요. 직접 들었다 하더라도 들은 것이 전부가 아닐 수도 있고요. 관찰에 있어 가장 경계해야 할 점은 본 것이 전부라 믿고, 들은 것이 전부라고 믿어 성급하게 또한 섣부르게 판단하는 것임을 꼭 기억해 주세요.

관찰의 힘

이제 '관찰한다는 것'에 대한 이야기의 마지막 부분에 이르렀습니다. 나는 아쉬운데 여러분은 어떤지 모르겠습니다. 끝으로 '관찰은 왜 하는가?', '관찰은 무엇을 얻기 위해 하는가?', 곧 '관찰의 힘은 무엇인가?' 하는 문제에 대하여 생각해 보려 해요.

'관찰의 힘은 무엇인가?' 하는 질문을 지금까지 우리가 함께 나누었던 표현으로 바꾸면, 이런 질문이 되겠지요. 무엇을 자세히 보아서 얻는 힘은 무엇인가? 관찰 대상에 다가서서 눈높이를 맞춤으로써 얻는 힘은 무엇인가? 오래도록 지켜봄으로써 얻는 힘은 무엇인가? 무엇을 보더라도 생각하며 봄으로써 얻는 힘은 무엇인가? 무엇 하나만 보아서 얻는 힘은 무엇인가? 관찰 대상을 깊이 사랑함으로 해서 얻는 힘은 무엇인가?

나 역시 여러분과 다르지 않게 다른 사람이 쓴 책, 다른 사람이 찍은 사진, 다른 사람이 만든 영상을 통해 자연에 깃들인 생명들을 보던 시절이 있었어요. 30대 초반까지는 그랬지요. 그러다 내 발로 직접 다가서고, 눈높이를 맞추려 내 몸을 낮추고, 오래도록 자세히 생각하면서 보기 시작한 첫날을 또렷이 기억합니다.

첫 만남의 대상은 봄을 알린다는 꽃으로 춘란이라 부르기도 하는

봄을 알린다는 꽃, 보춘화

보춘화였어요. 우선 보춘화를 찾아 나섭니다. 이른 아침 눈을 떴을 때부터 가슴은 벌써 설레지요. 집을 나섭니다. 이쪽 산자락으로 들어설까? 아니면 저쪽 산자락으로 들어설까? 고민거리지만 머리 아픈 고민이 아니라 행복한 고민이지요. 산에 들어서서는 천천히 발걸음을 옮기면서 두리번거립니다. 아직 보춘화는 뵈지 않지만 뵈지 않을수록 기대감은 더 커지고요. 결국 그날은 보춘화를 만나지 못했어요. 하지만 아쉬움보다는 가슴 설렘이 여전히 더 컸지요.

다음 날, 다른 산자락으로 들어서서 한참을 찾다가 마침내 보춘화를 만났어요. 그 만남의 기쁨을 나의 글솜씨로는 표현하기 힘듭니다. 보춘화는 키가 작으니 그 키에 맞춰 내가 엎드리는 것이 순서였어요. 이쪽에서도 보고 저쪽에서도 보고요. 아……, 이런 빛깔이었구나! 이런 모습이었구나! 이런 향기가 나는구나! 여기는 이렇구나! 주변도 둘러봅니다. 이런 곳에 사는구나……. 경사는 이렇고, 토양은 이렇고, 햇빛은 이 정도 들어오고……. 하나만 보아서는 알 수 없으니 다른 보춘화도 찾아 만나야 했어요. 여기는 서식 환경이 다르네! 또 찾습니다. 이곳은 또 다르네! 서로 다른 가운데서도 공통점이 있음을 알게 되지요.

다음 날, 전날 만났던 보춘화를 다시 만나러 갑니다. 하루 사이에 꽃대가 이만큼이나 컸네! 다음 날 또 갑니다. 드디어 꽃이 핍니다. 또 가고, 또 가서 꽃이 얼마 만에 지는지 알게 됩니다. 꽃이 진 다음에는 어떤 일이 벌어지는지도 알게 되고요. 보춘화는 사진을 통해 이미 많이 만났던 식물이었어요. 하지만 남이 찍은 사진을 보는 것과 내가 직접 그 앞에 엎드려 보는 것은 완전히 다른 세상이었습니다.

이러한 관찰의 시간이 오래 쌓이면 어떤 일이 벌어질까요? 그래요. 제대로 알게 됩니다. 겉과 더불어 속까지 알게 되니, 결국 본질을 알게 됩니다. 나아가 원칙을 알게 되고, 원리를 알게 되고, 법칙을 알게 됩니다. 관찰은 관찰 대상뿐만 아니라 관찰자 자신도 제대로 알게 해 주는 힘이 있어요. 무엇을 알고 무엇을 모르는지, 무엇을 할 수 있고 무엇을 할 수 없는지를 정확히 알게 해 주지요. 게다가 관찰과 호기심은 끝없이 순환해요. 관찰하니 호기심이 생기고, 호기심이 생기니 더 관찰하는 식이지요. 결과적으로 관찰은 통찰력과 생각하는 힘을 키워 줍니다.

또한 관찰은 스스로 관찰을 지속하게 하는 힘이 있어요. 관찰하니 알게 되고, 알게 되니 관심이 생기고, 관심이 생기니 더 관찰하게 됩니다. 그러다 관심이 애정으로까지 이르면 그 이후로는 관찰 과정에서 일어나는 어떠한 어려움도 극복할 수 있는 힘이 생기게 되며, 그 정도에 이르면 새로운 무엇도 발견하게 됩니다.

시간이 흘러 새의 세계에 들어서서 움막 하나를 짓고 그 안에 들어가 새를 관찰하기 시작했던 첫날도 분명히 기억해요. 해맑은 눈, 아름다운 생김새와 빛깔, 역동적인 비행 모습, 먹이를 잡는 과정, 천적이 나타났을 때 취하는 행동, 일상의 다양한 몸짓들……. 새에 대하여 학술적으로 하나씩 하나씩 알아 가는 기쁨은 말할 것도 없거니와 가슴 설렘, 경이로움, 신비로움, 심지어 깨달음에 이르기까지 나는 또다시 완전히 다른 세상으로 들어서 있었습니다.

이처럼 관찰은 새로운 세상과 만나게 해 주는 힘이 있어요. 관찰은 지금까지 닫혀 있던 새로운 세상으로 들어서게 하는 열쇠와도 같거든요. 관찰을 통해 우리는 눈에 보이지 않는 원생생물과 세균을 비롯한 미생물의 세계에 들어서게 되었어요. 세포라는 새로운 세계를 만나게 되었지요. 유전이라는 새로운 세계를, 진화라는 새로운 세계를, 면역이라는 새로운 세계를, 발생이라는 새로운 세계를, 분자라는 새로운 세계를 만나고 있습니다. 새로운 세상이 열리며, 그 안에서 수많은 발견이 이루어졌으며 발견은 학설, 법칙, 이론의 형태로 자리 잡게 됩니다. 또한 발견은 생각의 변화를 거쳐 인간의 삶 전반의 변화도 이끌어 내고요.

생명과학을 비롯한 자연과학뿐만 아니라 일상생활 속에서도 관찰은 여전히 이러한 힘을 발휘합니다. 늘 또는 더러 마주하는 것이기에 그냥 스쳐 지나기 쉽지만, 생각 없이 그냥 지나치며 보지 않고 자세히 봄으로써 '발견'이 이루어지고, '발견'은 새로운 기술이나 물건을 만들어 내는 '발명'의 밑바탕이 되어 우리의 삶을 보다 풍요롭게 해 주지요.

다시 말합니다. 관찰은 새로운 세상과 만나게 해 주는 강력한 힘이 있습니다. 하지만 중요한 점은 여러분 스스로 관찰의 주체가 되어야 비로소 그 힘을 얻을 수 있다는 것이에요. 여러분은 지금까지 내가 관찰에 대하여 쓴 글을 보았어요. 어쩔 수 없이 나는 무대 위의 주연이며, 여러분은 객석에 앉아 있는 관람객입니다. 관찰한다는 것은, 관찰의 주체가 된다는 것은 세상에서, 특히 앎의 세계에서 주인공이 된다는 뜻입니다. 평생 남의 이야기만 듣는다면, 평생 남이 쓴 글을 읽기만 한다면 여러분은 평생 관람객일 뿐입니다.

무엇이라도 좋아요. 여러분이 관찰의 주체가 되기를 바랍니다. 그러면 바뀝니다. 여러분 각자가 주인공이 될 것이며, 나를 포함한 다른 사람들은 여러분이 이룬 관찰의 관람객이 될 것입니다. 다른 사람들이 이미 다 관찰해서 더 이상 관찰할 것이 없다고요? 절대로 그렇지 않아요. 관찰한 것보다, 그래서 제대로 알게 된 것과 새롭게 발견한 것보다 아직 관찰하지 못한 것이 훨씬 더, 비교도 되지 않을 만큼 많아요. 생물 하나만 예를 들어 보아도 그래요. 지금까지 학명이 부여된 생물은 약 170만 종이에요. 그중 제대로 아는 종은 몇 되지 않아요. 게다가 이 지구상에는 약 20억 종의 생명체가 서식할 것으로 추정하고 있어요. 우리는 지구라는 초록별에 살고 있는 생물 중에서 지극히 일부만 관찰했을 뿐이에요.

주변부터 시작해서 조금씩 멀리 있는 것까지, 보이는 것에서 보이지 않는 것까지, 들리는 것에서 들리지 않는 것까지, 느낄 수 있는 것에서 느낄 수 없는 것까지 세세히 관찰하기 바랍니다. 무엇을 관찰하든 여러분이 관찰의 주체가 되기를 진심으로 바랍니다. 그래서 여러분 스스로 한 생명의 진정한 주체가 됨은 물론, 나아가 이 세상의 주인공으로도 우뚝 서기를 간절히 바랍니다.

생각이 찾아오는 학교 너머학교

생각한다는 것
고병권 선생님의 철학 이야기
고병권 지음 | 정문주 · 정지혜 그림

탐구한다는 것
남창훈 선생님의 과학 이야기
남창훈 지음 | 강전희 · 정지혜 그림

기록한다는 것
오항녕 선생님의 역사 이야기
오항녕 지음 | 김진화 그림

읽는다는 것
권용선 선생님의 책 읽기 이야기
권용선 지음 | 정지혜 그림

느낀다는 것
채운 선생님의 예술 이야기
채운 지음 | 정지혜 그림

믿는다는 것
이찬수 선생님의 종교 이야기
이찬수 지음 | 노석미 그림

논다는 것
오늘 놀아야 내일이 열린다!
이명석 글 · 그림

본다는 것
그저 보는 것이 아니라 함께 잘 보는 법
김남시 지음 | 강전희 그림

잘 산다는 것
강수돌 선생님의 경제 이야기
강수돌 지음 | 박정섭 그림

사람답게 산다는 것
오창익 선생님의 인권 이야기
오창익 지음 | 홍선주 그림

그린다는 것
세상에 같은 그림은 없다
노석미 글 · 그림

관찰한다는 것
생명과학자 김성호 선생님의 관찰 이야기
김성호 지음 | 이유정 그림

너머학교 고전교실

삼국유사,
끊어진 하늘길과 계란맨의 비밀
일연 원저 | 조현범 지음 | 김진화 그림

종의 기원,
모든 생물의 자유를 선언하다
찰스 다윈 원저 | 박성관 지음 | 강전희 그림

너는 네가 되어야 한다
고전이 건네는 말 1
수유너머R 지음 | 김진화 그림

나를 위해 공부하라
고전이 건네는 말 2
수유너머R 지음 | 김진화 그림

독서의 기술,
책을 꿰뚫어보고 부리고 통합하라
모티머 J. 애들러 원저 | 허용우 지음

우정은 세상을 돌며 춤춘다
고전이 건네는 말 3
수유너머R 지음 | 김진화 그림

대화편,
플라톤의 국가란 무엇인가
플라톤 원저 | 허용우 지음 | 박정은 그림

감히 알려고 하라
고전이 건네는 말 4
수유너머R 지음 | 김진화 그림

아Q정전,
어떻게 삶의 주인이 될 것인가
루쉰 원저 | 권용선 지음 | 김고은 그림

질문과 질문으로 이어지는 생각 익힘책

생각연습
생각의 근육을 키우는 질문 34
리자 하글룬트 글 | 서순승 옮김 | 강전희 그림

공존의 터전

쿠바 알 판 판 알 비노 비노
오로가 들려주는 쿠바 이야기
오로 · 김경선 지음 | 박정은 그림

그림을 그린 **이유정** 선생님은
홍익대학교 시각디자인과를 졸업했고, 한국일러스트레이션학교(Hills)에서 그림책 공부를 했습니다. 힘찬 그림 그리기를 좋아합니다. 보는 이들도 힘이 나고 흥겨움을 나눌 수 있으니까요. 그동안 글을 쓰고 그린 그림책으로는 『우리 집에 사는 신들』 『덩쿵따 소리 씨앗』이 있고, 그림을 그린 책으로는 『서로를 보다』 『달려라! 아빠 똥배』 『여보세요, 생태계 씨! 안녕하신가요?』 등이 있습니다.

관찰한다는 것

2015년 9월 15일 제1판 1쇄 발행
2019년 11월 10일 제1판 8쇄 발행

지은이   김성호
펴낸이   김상미, 이재민

기획   고병권
편집   김세희, 이원담
디자인기획   민진기디자인

종이   다올페이퍼
인쇄   청아문화사
제본   광신제책

펴낸곳   너머학교
주소   서울시 서대문구 증가로20길 3-12, 1층
전화   02)336-5131, 335-3366, 팩스 02)335-5848
등록번호   제313-2009-234호

너머북스와 너머학교는 좋은 서가와 학교를 꿈꾸는 출판사입니다.